# Chemische Untersuchungsmethoden für Eisenhütten und deren Nebenbetriebe

## Eine Sammlung
### praktisch erprobter Arbeitsverfahren

Von

Ing.-Chem. **Albert Vita** und Dr. phil. **Carl Massenez**
Chefchemiker der Oberschlesischen
Eisenbahnbedarf-A.-G. Friedenshütte

Assistent an der Kgl. Technischen
Hochschule in Breslau

Mit 26 Textfiguren

Springer-Verlag Berlin Heidelberg GmbH

1913

ISBN 978-3-662-24412-8     ISBN 978-3-662-26547-5 (eBook)
DOI 10.1007/978-3-662-26547-5

# Vorwort.

Glücklicherweise hat sich langsam, aber sicher die Überzeugung Bahn gebrochen, daß das Laboratorium in einem
modernen Hüttenwerk, wenn auch nicht direkt produktiv tätig,
so doch von gewaltiger Bedeutung und jedenfalls mehr als ein
notwendiges Übel ist. Entsprechend dem Bestreben der Neuzeit,
die verschiedenen Hüttenbetriebe zu zentralisieren und zu einem
großen gemeinsamen Ganzen zu vereinigen, stellte sich die Not-
wendigkeit heraus, auch die einzelnen Betriebslaboratorien in
ein Zentrallaboratorium zusammenzuziehen.

Mit den gesteigerten Anforderungen an die Qualität der einzelnen Fabrikate erhöhten sich auch die Ansprüche an die Laboratorien betreffs Vielseitigkeit, Genauigkeit und Schnelligkeit
der Untersuchungsmethoden.

Hand in Hand mit der Zentralisation der verschiedenen
Hüttenbetriebe ging die Angliederung der Kokereien mit ihren
Nebenproduktengewinnungen, und damit wurde das Eisenhütten-
laboratorium vor neue Aufgaben gestellt.

Der scharfe Konkurrenzkampf im Hüttenwesen zwang ferner
zur Beobachtung aller der Punkte, bei welchen noch Ersparnisse
möglich sind, und denen früher häufig viel zu geringe Beachtung
geschenkt worden ist. Wir denken hierbei hauptsächlich an die
Feuerungskontrolle, an die Untersuchung der feuerfesten Steine,
der Schmiermaterialien usw.

Aus diesen angeführten Gründen sind die Aufgaben, die
an ein modernes Eisenhüttenlaboratorium gestellt werden, äußerst
mannigfaltig. Wir waren deshalb der Ansicht, daß es wünschens-
wert sei, nach Möglichkeit einmal alle die heute in einem modernen
Eisenhüttenlaboratorium angewandten Untersuchungsmethoden
zusammenzustellen. Bei diesem Bestreben fanden wir lebhafte
Anregung und Unterstützung von zahlreichen Werken des Westens
und Ostens sowie auch von vielen Fachkollegen. Wir sprechen

an dieser Stelle allen diesen Verwaltungen und Herren unseren besten Dank für die liebenswürdige Unterstützung aus und würden es begrüßen, wenn wir von seiten der Praxis über die Mängel und Lücken, die sich bei Benutzung dieses Buches herausstellen sollten, unterrichtet würden.

Maßgebend für die Auswahl der Methoden war für uns in erster Linie der Gesichtspunkt, daß die verschiedenen Verfahren sich in der Praxis bewährt haben. Immerhin wäre es begreiflich, wenn die eine oder andere Methode von Fachkollegen als überflüssig und überholt bezeichnet würde. Auch wird vielleicht im Gegensatz hierzu mancher eine Methode vermissen, die nach seiner Meinung hätte Aufnahme finden sollen.

Die Verfasser.

# Inhaltsverzeichnis.

# I. Probenahme und Vorbereitung der Proben für die chemische Untersuchung.

Die Rohmaterialien, Zwischen-, End- und Nebenprodukte werden einer chemischen Untersuchung unterzogen, um den Wert, nach dem die Bezahlung zu erfolgen hat, zu bestimmen und gleichzeitig den Herstellungsprozeß auf seine Richtigkeit zu kontrollieren. Zu diesem Zweck müssen von allen Stoffen, gleichgültig ob in festem, flüssigem oder gasförmigem Aggregatzustand, Durchschnittsproben genommen werden. Diese Durchschnittsprobe soll im kleinen ein genaues Bild geben von dem gesamten, zur Untersuchung vorliegenden Stoffe.

Daraus ist nicht nur die Wichtigkeit zu entnehmen, welche die Probenahme hat, sondern auch die Schwierigkeit, wenn es sich um große Mengen eines ungleichmäßig zusammengesetzten und dabei oft sehr wertvollen Materials handelt, da es von der richtigen Probenahme abhängt, ob z. B. das betreffende Rohmaterial nicht überzahlt wird und sich für einen bestimmten Verwendungszweck überhaupt eignet.

Im allgemeinen lassen sich für die Probenahmen wohl keine bindenden Regeln aufstellen. Immer wird der Fall eintreten, daß die Methoden spezialisiert werden müssen. Diese Verschiedenheiten haben teils ihren Grund in dem Charakter des Probegutes, teils hängen sie damit zusammen, wo und wann die Probenahme erfolgt.

Entsprechend der Schwierigkeit und der überaus großen Wichtigkeit der Probenahme soll diese Arbeit nur von Personen ausgeführt oder zum mindesten kontrolliert werden, die eine lange Erfahrung darin besitzen und die gleichzeitig mit den Eigenschaften des Probegutes durchaus vertraut sind. Deshalb empfiehlt es sich, daß die Probenahme stets vom Laboratorium aus erfolgt, da dasselbe für jedes Hüttenwerk neutraler Boden ist und somit die größte Gewähr für eine objektive Probenahme gegeben wird [1]).

Bei Materialien, deren Wert nach dem Gehalte eines bestimmten Bestandteiles oder auch mehrerer festgestellt wird, werden die Proben vielfach in Gegenwart je eines Vertreters von seiten des Käufers und des Lieferanten genommen. Diese Herren bleiben auch bei der weiteren Vorbereitung der Probe zur Analyse zugegen. Von der fertigen Probe erhält dann jeder von ihnen einen Teil, während ein dritter Teil, mit den Siegeln beider Parteien verschlossen, für die eventuelle Schiedsanalyse aufbewahrt wird. Dieselbe wird von einem Schiedschemiker, über den sich beide Parteien geeinigt haben, durchgeführt. Es gilt dann für die Bezahlung meistens das von diesem ermittelte Resultat. Seltener wird für die Verrechnung das Mittel genommen zwischen der Schiedsanalyse und dem ihr am nächsten kommenden Resultat. Auch kommt es vor, daß gemeinschaftlich von den Chemikern beider Parteien die Schiedsanalyse durchgeführt wird. Darüber muß in den schriftlich gemachten Verträgen Genaues festgesetzt sein.

Die für gewöhnlich gestattete Spannung in den von seiten des Käufers und des Lieferanten gemachten Analysen beträgt z. B.

1. bei Erzen, Eisenschlacken usw. für Fe: 0,5—1 %, Mn: 0,5 bis 1 %, P: 0,05—0,25 %, Si $O_2$: 1 %, S: 0,25—0,5 %, Cu: 0,05 %.

2. bei Ferrolegierungen für Si im Ferrosilizium: 1 %, Cr im Ferrochrom: 0,5—1 %, Mo im Ferromolybdän: max . 0,5 %, V im Ferrovanadin: 0,25—0,5 %, Mn im Ferromangan: 0,5 bis 1 %, Ti im Ferrotitan: 0,5—1 %, Wo im Ferrowolfram: max . 0,5 %.

Was die Größe der zu nehmenden Probe angeht, so hängt sie in erster Linie von der mehr oder weniger gleichmäßigen Beschaffenheit des Gutes ab, dann aber auch von seiner Quantität; denn es ist wohl selbstverständlich, daß man von einer Schiffsladung eine größere Probe nehmen muß als von einem Eisenbahnwagen, wenn man einen guten Durchschnitt bekommen will.

Als Anhaltspunkt kann dienen, daß die auf 10 000 kg Material bezogenen Proben mindestens betragen sollen für:

---

[1]) Vergleiche Bericht Nr. 3 der Chemiker-Kommission des Vereins deutscher Eisenhüttenleute, 1911.

Kohle . . . . . . . . . . . . . . . 4 kg
Koks . . . . . . . . . . . . . . . 4 ,,
Eıze . . . . . . . . . . . . . . . 5 ,,
Eisenschlacken . . . . . . . . . . 7 ,,

Ist das Material sehr ungleichmäßig, müssen die Proben größer genommen werden.

Im folgenden geben wir nun die Art und Weise deı Probenahme für die verschiedenen Stoffe und Materialien, die für Eisenhütten in Betracht kommen, in großen Zügen. Es soll damit aber nicht gesagt sein, daß nicht auch noch andere Methoden, die gute Resultate liefern, in Gebrauch sind. Die angeführten sollen vielmehr nur als Beispiel und Fingerzeige dienen. Gleichzeitig werden wir darauf aufmerksam machen, wo bei der Probenahme der betreffenden Stoffe die spezifischen Schwierigkeiten liegen, die leicht zu Fehlern Veranlassung geben können.

Wir haben in der Hauptsache folgende Probenahmen zu unterscheiden:

# 1. Kohle.

Die Probenahme der Kohle kommt hauptsächlich in Betracht

    a) beim Anbringen per Schiff,
    b) beim Anbringen per Seilbahn oder Förderband,
    c) beim Anbringen per Eisenbahnwagen,
    d) vom Lagerhaufen.

a) Bei Schiffsladungen wird die Probe aus den Greifern oder Kübeln während des Löschens genommen und zwar aus jeder 15.—20. Fördereinheit oder in noch größeren Intervallen. Man nimmt sowohl von dem stückigen als auch von dem feinen Material etwas, und zwar in demselben Verhältnis, wie es schätzungsweise vorkommt.

b) Von Seilbahnwagen oder vom Förderband nimmt man in kurzen Zeiträumen hintereinander in gleicher Weise die Proben.

c) Die Probenahme aus dem Wagen geschieht nach zwei Arten. Bei der ersten werden mehrere (gewöhnlich 6—8) Löcher gegraben und aus jedem von den Stücken und dem Feinen in dem Verhältnis, wie sie nach Schätzen enthalten sind, kleine Mengen herausgenommen. Dabei ist zu beachten, daß die Oberfläche, welche stark verstaubt sein kann, vorher entfernt wird. Nach der zweiten Art erfolgt die Entnahme der Probe, nachdem der Wagen zur Hälfte entleert worden ist, an dem ganzen dabei hergestellten Querschnitt entlang.

d) Bei der Probenahme vom Lagerhaufen werden in kurzen Entfernungen voneinander möglichst tiefe Löcher in den Haufen gegraben und daraus, wie früher schon angegeben, von den Stücken und dem Feinen kleine Quantitäten entnommen.

Die Probenahme vom Lagerhaufen ist schwierig, da fast immer Material von verschiedenen Korngrößen (Staub bis zu größeren Stücken) vorliegt. Die größeren Stücke rollen nämlich beim Entladen nach vorn, und der Kohlengries fällt zwischen dem stückigeren Material hindurch und befindet sich meistens im Innern des Haufens, so daß eine richtige Schätzung, in welchem Verhältnis die verschiedenen Korngrößen vorkommen, große Erfahrung des Probenehmers voraussetzt.

In den Fällen, wo auch der Feuchtigkeitsgehalt der Kohle ermittelt werden soll, kommt bei der Probenahme ein neues Moment hinzu. Das in den Kohlen enthaltene Wasser konzentriert sich nämlich, selbst in verhältnismäßig kurzer Zeit, in den unteren Schichten.

Diese auf die eine oder andere Art entnommene Probe wird in folgender Weise weiter verarbeitet. Man zerschlägt die Stücke entweder mit einem Hammer oder zerkleinert sie mittels eines Steinbrechers, daß sie bei großen Proben höchstens die Größe einer Viertel-Männerfaust haben. Alsbald mischt man die Probe sehr gut durch dreimaliges Überschaufeln auf einen anderen Platz, breitet sie aus auf eine Dicke von nicht über 10 cm. Durch zwei kreuzförmig angebrachte schmale Furchen teilt man die Probe in vier Teile und entfernt zwei gegenüberliegende. Die zwei zurückgebliebenen werden auf Eisenplatten oder in einem Eisenmörser weiter zerkleinert, daß alles durch ein Sieb von 15 mm Maschenweite geht. Alsdann mischt man, breitet aus und teilt wie früher. Das wiederholt man unter Anwendung von Sieben mit 6 und 3 mm Maschenweite. Die durch wiederholte Teilung auf annähernd 1 kg verjüngte Probe wird noch weiter zerkleinert, bis sie durch ein Haarsieb geht. Nach nochmaligem gutem Durchmischen wird die Probe in drei Teile geteilt. Je eine erhält Käufer und Verkäufer, die dritte, mit dem Siegel der beiden Parteien verschlossene und möglichst genau bezeichnete, wird für eine etwaige Schiedsprobe aufbewahrt.

Für die Zerkleinerung der Proben hat man verschiedene maschinelle Einrichtungen, so Steinbrecher, Brechwalzen und Mahlmühlen.

Bevor die Probe zur Analyse verwendet wird, muß sie noch in der Achatreibschale ganz fein gerieben und bei $100^0$ C getrocknet werden.

Die Proben für die Wasserbestimmung sollen nur grob zerkleinert und direkt in gut schließende Glasflaschen oder emaillierte Gefäße gefüllt werden, da die Kohle bei der weiteren Zerkleinerung, wie sie zur eigentlichen Analyse Voraussetzung ist, Wasser verliert.

## 2. Koks.

Die Probenahme von Koks ist analog der von Kohle. Nur stellt sie sich schwieriger, da das Material sowohl bezüglich seiner Größe als auch in seinem Feuchtigkeitsgehalt noch auffälligere Verschiedenheiten zeigt. Die Probenahme erfolgt entweder bei den frisch gezogenen Bränden oder beim Entladen der verschiedenen Transportmittel. Stücke, die infolge ungenügenden Löschens verbrannt oder auch mit Lehm beschmiert sind (solche Stücke finden sich fast bei jedem Brande, ohne aber wegen ihrer geringen Menge den Qualitätsdurchschnitt des Brandes beeinflussen zu können), sollen bei der Probenahme ausgeschieden werden, weil sie, wie aus Gesagtem hervorgeht, ein falsches Resultat geben würden. Dagegen ist besonders bei dem „Verjüngen" der Probe darauf zu achten, daß der Koksstaub gleichmäßig mitgeprobt wird, weil er meistens relativ aschenreich ist.

## 3. Erze und Eisenschlacken.

Auch die Probenahme von Erzen und Eisenschlacken gleicht im Grundprinzip der von der Kohle und Koks. Neuerdings hat man besonders in Amerika statt der Probenahme von Hand maschinelle Probenehmer eingeführt. Die Urteile darüber lauten allerdings nicht sehr günstig, weil es schwierig sein soll, die Maschinen so einzustellen, daß sie gleichmäßig Erzstücke und Erzklein nehmen. Denn in der Verschiedenheit der Erzstücke

und des Erzkleins liegt hier wieder wie bei Kohle und Koks
die erste Fehlerquelle. Je nach der Art des Erzes können die
Stücke oder aber auch der Staub das reichere Material sein.

Bei der Probenahme von Eisenschlacken ist darauf zu achten,
daß dieselben fast immer metallisches Eisen in Form von Granalien
enthalten, deren Menge bereits bei der Probenahme bestimmt
wird und deren Fe-Gehalt bei der Berechnung des Gesamt-Fe-
Gehaltes Berücksichtigung findet.

Der Fe-Gehalt der Granalien wird mit 90—93 % angenommen.

Zur näheren Erklärung der Berechnung diene folgendes
Beispiel aus der Praxis:

| | | |
|---|---|---|
| Schlackenprobe . . . . . | 149 000 g | Sieb I (15 mm²) |
| Granalien . . . . . . . . | 40 000 g | |
| Schlackenprobe . . . . | 12 450 g | Sieb II (6 mm²) |
| Granalien . . . . . . . . | 3 050 g | |
| Schlackenprobe . . . . | 1 490 g | Sieb III (3 mm²) |
| Granalien . . . . . . . . | 440 g | |
| Schlackenprobe . . . . | 450 g | Sieb IV (Haarsieb) |
| Granalien . . . . . . . . | 125 g | |

Die Feststellung der Granalien geschieht so, daß zuerst die
ganze Probe (149 000 g) auf der Dezimalwage abgewogen und
dann durch ein grobes Sieb (15 mm²) geschickt wird. Das Zurückbleibende (40 000 g) sind die Granalien Nr. 1. Von dem Durch-
laufenden wird ein Durchschnitt genommen (12 450 g). Dieselbe
Operation wird mit drei folgenden Sieben von 6 mm², 3 mm²
und ganz enger Maschenweite (Haarsieb) vorgenommen.

Die Berechnung geschieht folgendermaßen:

$$450 : 125 = (1490 - 440) : X; \quad X = 291,66$$
$$291,66 + 440 = 731,66$$
$$1490 : 731,66 = (12450 - 3050) : X_1; \quad X_1 = 4615$$
$$4615 + 3050 = 7665$$
$$12\,450 : 7665 = (149\,000 - 40\,000) : X_2; \quad X_2 = 67\,107$$
$$67\,107 + 40\,000 = 107\,107 \quad 149\,000 : 107\,107 = 1000 : X; \quad X =$$

$71 \cdot 88$ d. h. die Schlackenprobe enthält 71,88 % Granalien und
28,12 % Schlacke.

Von größter Wichtigkeit ist, daß die schließlich zur Analyse
kommende Probe im Achatmörser zu einem unfühlbaren Pulver

zerrieben wird, das so fein sein soll, daß es zwischen den Zähnen nicht mehr knirscht. Besonders bei Erzen, die im Schmelzfluß „aufgeschlossen" werden müssen, ist die äußerste Zerkleinerung notwendig, da der Aufschluß hierdurch bedeutend erleichtert wird.

# 4. Briketts.

Die Probenahme von Erzbriketts ist an sich leicht, indem z. B. nur von den verschiedenen Teilen der Sendung einzelne halbe Briketts genommen zu werden brauchen. Hier liegt die Schwierigkeit und die Möglichkeit eines Fehlers erst bei der weiteren Behandlung. Die chemische Zusammensetzung von Briketts ist nämlich an der Außenfläche und im Kern sehr verschieden, vor allem was die Oxydationsstufen des Eisens angeht. Man zerkleinert deshalb die gesamte genommene Brikettprobe.

# 5. Hochofenschlacke.

Für Betriebsproben wird meistens mittels eines großen eisernen Löffels dem fließenden Schlackenstrahl eine Probe entnommen, die nach dem Erkalten entsprechend weiter zerkleinert wird. Diese Art der Probenahme ist empfehlenswert, da beim Erkalten der Schlacke Seigerungen eintreten, welche die Gewinnung eines guten Durchschnitts sehr erschweren. Die Probenahme von Schlackenkuchen erfolgt durch Abschlagen von Stücken an verschiedenen Stellen. Diese Stücke werden zu einer Probe vereinigt und wie früher weiter behandelt.

# 6. Hochofennebenprodukte.
## a) Zinkhaltiger Gichtstaub.
Die Probenahme geschieht wie von Erzen.

## b) Zinkhaltiger Ofenbruch und Mauerschutt.
Ofenbruch (Ansätze aus dem oberen Teil des Hochofenschachtes) und Mauerschutt von abgebrochenen Hochöfen enthalten, wenn darin zinkhaltige Erze verhüttet worden sind, oft größere Mengen Zink und werden nach dem Gehalte daran, von den Zinkhütten gekauft. Da beide Materialien sehr ungleichmäßig mit Zink durchsetzt sind und auch in der ur-

sprünglichen Form nicht verhüttet werden können, muß das ganze Material vorher auf eine Korngröße bis 1 mm zerkleinert werden. Dabei bleibt auch Metall in größeren oder kleineren Körnern zurück. Von dem gemahlenen Material kann dann die Probe ganz leicht genommen werden. Das Metall wird, wenn es sich nicht zerkleinern läßt, am besten geschmolzen und daraus eine Schöpfprobe entnommen. Aus den ermittelten Zinkgehalten der Probe und des Metalls wird unter Berücksichtigung der Gewichte der Zinkgehalt des gesamten Materials berechnet.

## c) Hochofenblei.

Dieses mehrfach bei der Verhüttung von bleihaltigen Erzen gewonnene Nebenprodukt enthält meistens berücksichtigungswerte Mengen von Silber. In den Bleihütten wird das Hochofenblei in großen eisernen Kesseln eingeschmolzen und mittels metallischen Zinks nach Pattinson entsilbert. Bei dieser Gelegenheit werden nach dem Einschmelzen, aber noch vor der Entsilberung, nach gutem Durchmischen des eingeschmolzenen Bleies Schöpfproben entnommen, und zwar gewöhnlich aus jedem Kessel wenigstens zwei.

# 7. Roheisen.

Das Roheisen wird entweder in flüssigem Zustande geprobt oder auch nach dem Erstarren. Probt man das Roheisen während des Abstichs oder, allgemein gesagt, solange es fließt — denn in Fällen, wo das Roheisen zum Mischer mit Pfannenwagen transportiert wird, nimmt man die Probe zuweilen auch erst beim Eingießen in den Mischer —, so bietet sich der Vorteil einer leichteren Zerkleinerung. Man gießt dann die mit einem eisernen Löffel geschöpfte Probe in einen, mit Wasser angefüllten, engen Behälter, zu dem sich am besten ein Stahlrohr von vielleicht 10 cm lichter Weite und 1 m Höhe eignet, das in einem mit Wasser gefüllten Eimer steht. Durch die plötzliche intensive Abkühlung wird das Roheisen granuliert, und man vereinfacht so die Vorbereitung zur Analyse.

Die Granulierung, d. h. die plötzliche Abkühlung, ist nicht zulässig, wenn es auf die getrennte Bestimmung des Graphits und des chemisch gebundenen Kohlenstoffs ankommt.

Hat man Roheisen in Masseln zu proben, so sind folgende Punkte zu beachten:

Hat das Roheisen längere Zeit im Freien gelegen, so ist seine Oberfläche angerostet, und die Proben sind deshalb aus dem Inneren der Masseln zu entnehmen. Ferner ist die Zusammensetzung der einzelnen Masseln nicht gleichmäßig. Die Randpartien und die scharfen Ecken — und gerade diese Teile werden von unerfahrenen Probenehmern der Bequemlichkeit halber, da sie sich leicht abschlagen lassen, gern genommen — zeigen häufig eine andere Zusammensetzung als die Kernstücke, z. B. was den Schwefelgehalt angeht. Daß beim Proben von Roheisenmasseln dieselben von dem Sande, der ihnen vom Vergießen auf dem Herde her anhaftet, gesäubert werden müssen, ist wohl selbstverständlich.

Die weißen und halbierten Roheisensorten lassen sich im Stahlmörser leicht zu einem feinen Pulver zerstampfen, die Zerkleinerung des grauen Roheisens muß mittels eines Bohrers aus gehärtetem Stahl geschehen.

# 8. Ferrolegierungen.

Ferrolegierungen, die ihres Wertes wegen meistens verpackt zum Versand kommen, werden bei der Ankunft auf den Hüttenwerken in folgender Weise geprobt:

Je nach dem Wert des Materials und der Größe der Sendung schlägt man bei jedem einzelnen oder auch jedem zweiten oder dritten Faß oder Kiste einige Brocken aus verschiedenen Stücken mit dem Hammer heraus. Ist das Material ungleichmäßig — bei Ferrosilizium finden sich z. B. manchmal größere Einschlüsse von Quarz —, so ist darauf Rücksicht zu nehmen. Es ist das wieder ein Fall, wo die Erfahrung und Geschicklichkeit des Probenehmers eine Rolle spielt. Diese Proben werden wie beim Roheisen weiter verarbeitet.

# 9. Stahl.

Der Stahl wird entweder während des Chargenganges flüssig geprobt zur Kontrolle des Betriebes oder aber beim Vergießen. Im ersten Fall schöpft man mit einem langen eisernen Löffel die Probe aus dem Konverter oder dem Ofen und vergießt sie in kleine gußeiserne Formen, sogenannte Probekokillen. Im zweiten Fall läßt man den Stahl direkt aus der Gießpfanne in die Probeform einlaufen. Handelt es sich um gewöhnliche Qualitäten, die ohne besondere Zusätze hergestellt sind, so genügt eine Probekokille zur Beurteilung einer Charge. Anders bei legierten Stählen. Hier ist häufig ein nicht unbeträchtlicher Unterschied in der Analyse zu konstatieren, je nachdem, ob man am Anfang oder gegen Ende des Gießens geprobt hat. Man nimmt deshalb in diesen Fällen verschiedene Proben, deren Anzahl sich naturgemäß auch nach der Größe der Chargen richtet. Aus diesen Probestücken müssen für die Analyse kleine Späne durch Bohren, Fräsen oder Feilen gewonnen werden. Dasselbe gilt auch für alle anderen Stahlproben, die dem Laboratorium zur chemischen Untersuchung zugehen.

Die in den meisten Fällen mit einer Oxydschicht bedeckte Oberfläche muß vorerst blank gefeilt werden. Das Bohren muß trocken, ohne Öl, geschehen, ebenso muß vermieden werden, daß die Späne sich erhitzen und dadurch anlaufen. Liegen Späne vor, die mit Öl verunreinigt sind, so müssen dieselben mit Alkohol und Äther gewaschen und nachher getrocknet werden. Stahlstücke, die so hart sind, daß man sie nicht bohren kann, müssen vorher angelassen werden. In den meisten Fällen lassen sie sich dann bohren. Öfter gelingt es auch, von Stählen, die sich ihrer Härte wegen nicht bohren lassen, auf der Drehbank dünne Späne zu gewinnen.

## 10. Thomasschlacke und Thomasmehl.

Die Probenahme von der rohen Schlacke geschieht am besten von den erkalteten Blöcken durch Abschlagen von Stücken von verschiedenen Stellen, sowohl vom Rande als auch vom Inneren des Blocks. Weniger verläßlich ist die Schöpfprobe der flüssigen Schlacke wegen der teigigen Beschaffenheit derselben.

Die Probenahme des Thomasmehls erfolgt aus jedem einzelnen Sack mittels eines Probestechers [1]. Diese vereinigten,

---

[1] Er besteht aus einem unten zu einer Spitze ausgezogenen, mit einem Handgriff versehenen Rohr aus starkem Eisenblech von 4 cm lichter Weite, das einen seitlichen Längsschlitz von 2—3 cm Weite hat. Der eine Rand des Längsschlitzes ist etwas aufgebogen. Die Länge des Stechers soll 1 m betragen. Zur Probenahme drückt man den Stecher senkrecht in das zu probende Material, dreht ihn um seine Achse, zieht ihn wieder heraus und klopft ihn aus.

gut durchgemischten Einzelproben vom Thomasmehl werden direkt ohne weitere Zerkleinerung und ohne vorherige Trocknung zur Analyse verwandt.

## 11. Zuschläge.

Zuschläge, d. h. Kalksteine, gebrannter Kalk, Dolomit usw., die meistens in Eisenbahnwagen angeliefert werden, müssen in gleicher Weise wie die Erze geprobt werden. Da die genannten Materialien häufig mit Quarz durchsetzt sind, so ist bei der Probenahme darauf Rücksicht zu nehmen, daß man nicht solche ganze Quarznester, wie sie manchmal vorliegen, in die Probe bekommt. Natürlich würde dadurch die Analyse in einer unrichtigen Weise beeinflußt. Ferner hat der Probenehmer sein Augenmerk darauf zu richten, daß im gebrannten Kalk sich auch immer Stücke von schlecht gebranntem Material befinden, die dann in entsprechender Menge mit in die Probe genommen werden müssen.

## 12. Steinmaterialien.

Bei Steinmaterialien, seien es nun Chamotte, Dinas oder andere, hat die Probenahme in gleicher Weise zu erfolgen, wie bei Erzbriketts ausgeführt, d. h. man nimmt von verschiedenen Stellen einer Lieferung einzelne Steine. Es genügt dann, aus jedem Stein ein Stück herauszuschlagen und die so gewonnenen Proben zur Analyse vorzubereiten. Das für die Analyse zu verwendende Material muß dabei von der äußeren Haut des Steines befreit sein, da diese durch die Einflüsse des Brennens usw. immer eine etwas andere Zusammensetzung aufweist. Siehe Fußnote S. 2.

## 13. Nebenprodukte der Kokerei.

### Teer, Ammoniakwasser und Benzol, schwefelsaures Ammoniak, Pech.

Bei den flüssigen Produkten, welche in Kesselwagen versandt werden, geschieht die Probenahme vor dem Versand mittels eines annähernd 2 cm dicken Rohres, das langsam bis zum Boden des Wagens eingetaucht, dann oben durch Zudrücken eines Schlauchendes, das sich auf dem Rohre befindet, geschlossen wird. Das Rohr wird schnell herausgezogen und in ein bereitgehaltenes Gefäß entleert. Dieses wiederholt man so oft, bis man eine genügende Menge für die Untersuchung hat. Auch wird zuweilen ein Rohr verwendet, das von oben aus unten durch einen ventilartigen Deckel abgeschlossen werden kann.

Beim schwefelsauren Ammon werden wie bei dem Thomasmehl die Proben mittels eines Probestechers entnommen, meistens aus jedem Sack. Die gut gemischten und geteilten Proben müssen in dicht verschließbare Gefäße, am besten Glasflaschen, gefüllt werden.

Bei der Probenahme von Pech werden von einer größeren Anzahl Blöcke Stückchen abgeschlagen, zu einer Probe vereinigt und weiter zerkleinert.

## 14. Gase.

Bei der Probenahme von Gasen handelt es sich, von speziellen Fällen abgesehen, teils um Heizgase, wie Kokerei-, Generator- und Hochofengase, teils um Abgase. Man will also entweder die Güte und Qualität eines zur Verbrennung bestimmten Gases feststellen oder sich überzeugen, ob die Verbrennung in ökonomisch günstigem Sinne verlaufen ist.

In der Regel müssen die zu untersuchenden Gase aus Räumen, seien es Gaskanäle, Gaskammern usw., in die der Probenehmer natürlich selbst nicht eindringen kann, in Sammelgefäße angesaugt werden. Dieses Ansaugen geschieht mittels Röhren, deren Material von der Temperatur des zu probenden Gases abhängt. Glasröhren sind nur bei Temperaturen bis ca. 700⁰ zu gebrauchen. Porzellanrohre sind bis 1200⁰ anwendbar, doch beide haben den großen Nachteil, daß sie sehr vorsichtig angewärmt und langsam abgekühlt werden müssen, da sie sonst springen. Unempfindlich gegen Temperaturschwankungen ist Quarz; leider ist der Preis noch sehr hoch für dieses Material, und wird Quarz bei Temperaturen über 1200⁰ gasdurchlässig. In den meisten Fällen kann man wohl Eisenrohre benutzen, besonders solche, die mit einem Wasserkühlmantel [1]) versehen sind. Allerdings läuft man bei ihnen, vor allem bei nicht gekühlten Röhren, Gefahr, daß die

---

[1]) Vgl. Post, Chemisch technische Analyse I, 110. 1908. — Lunge, Chemische Untersuchungsmethoden I. 235, 1910.

Gase mit dem Metall bzw. Metalloxyde in Reaktion treten, und die Zusammensetzung des Gases sich ändern kann. Um diese Reaktionen und gleichzeitig auch die Diffusion von Wasserstoff zu verhindern, empfiehlt es sich, die Eisenrohre durch mehrmaliges Eintauchen in eine Tonschlämme außen und innen mit einer Schicht feuerfesten Tones zu überziehen [1]).

Das Ansaugen selbst geschieht am einfachsten mittels eines Aspirators, der aus zwei Flaschen von je 5 Litern Inhalt besteht.

Die Anordnung ergibt sich aus der Zeichnung (siehe Fig. 1). Ehe man das zur Analyse bestimmte Gas ansammelt, hat man dafür zu sorgen, daß im ganzen Saugrohr die Luft durch Gas verdrängt wird. Man saugt deshalb durch Umwechseln der beiden Aspiratorflaschen je nach der Länge des Saugrohrs vier- bis fünfmal je 5 Liter Gas an. Auch ist zu beachten, daß die Gase teilweise vom Wasser absorbiert werden. Diese Absorption ist für verschiedene Gase verschieden. Sie beträgt bei 15⁰ z. B. für $CO_2$: 1,019 Vol.-Proz., für CO aber nur: 0,025 Vol.-Proz. Das Wasser der Aspiratorflaschen muß deshalb nach Möglichkeit mit dem zu analysierenden Gas gesättigt sein [2]).

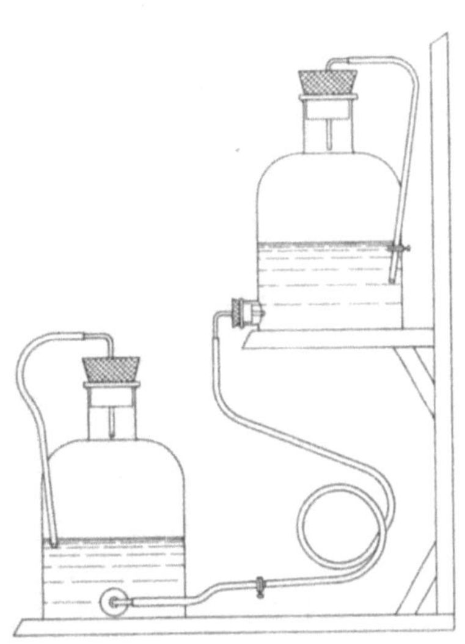

Fig. 1.

Die Gase sollen auf keinen Fall länger als unbedingt nötig in diesem Aspirator verbleiben. Können sie nicht sogleich zur Analyse kommen, so muß man sie in Glasgefäße überführen, die entweder gutschließende Hähne tragen, oder aber noch besser in Glaskugeln einschmelzen. In den meisten Fällen

---

[1]) Vgl. Bericht der Chemiker-Kommission des Vereins deutscher Eisenhüttenbauten Nr. 5, 1911.

[2]) Als Absperrflüssigkeit bewährt sich wegen der geringen Absorptionsfähigkeit für Gase eine kalte konzentrierte Kochsalzlösung.

der Praxis wird aber wohl das Gas von der Entnahmestelle sofort
ins Laboratorium gebracht, um dort analysiert zu werden.

Wo Gase aus Räumen genommen werden sollen, die der
Probenehmer selbst betreten kann, z. B. in Gruben und Berg-
werken, bedient man sich zur Probenahme eines Gefäßes von
derselben Form, wie sie Fig. 2 zeigt. Das Gefäß besteht aus
Metall und wird, mit Wasser ge-
füllt, in die Grube mitgenommen.
An dem Ort, wo die Probenahme
erfolgen soll, öffnet man beide
Hähne, läßt das Wasser ausfließen
und schließt die Hähne wieder.

An dieser Stelle seien noch
einige Worte darüber gesagt,
wann die Gasproben genommen
werden müssen. Handelt es sich
z. B. darum, die Leistungen
einer Kesselfeuerung festzustellen, so kann man aus einer
einzigen genommenen Probe
absolut keinen Schluß auf den Ge-
samtwirkungsgrad der Feuerung
ziehen; denn die Gase sind vor,
während und nach dem Be-
schicken des Rostes sehr verschieden. Nur eine Reihe von Proben,
die während der verschiedenen
Betriebsperioden genommen sind,

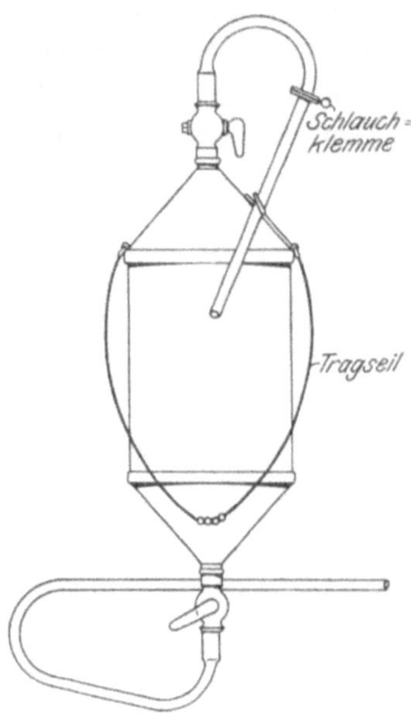



Fig. 2.

lassen irgendwelche Schlüsse zu. Analog liegt der Fall auch beim
Herdofenprozeß. Will man sehen, ob die Gase gut ausgenutzt
in den Essenkanal abziehen, so darf man nicht kurz vor dem
Abstich, wo der Ofen meistens „forciert“ wird, Probe nehmen,
ebensowenig auch in der Zeit des Chargierens, da dann durch
die offenen Ofentüren falsche Luft angesaugt wird. An Hand
dieser beiden Beispiele kann man sich selbst sagen, daß der Zeitpunkt der Probenahme von Fall zu Fall genau zu erwägen ist,
und daß andererseits Analysenresultate von Gasen nur dann
Wert haben, wenn man weiß, unter welchen Bedingungen die
Proben genommen sind.

## 15. Lagermetalle.

Lagermetalle, Bronzen und ähnliche Legierungen werden durch Anbohren, Fräsen oder Hobeln wie bei Stahl geprobt. Da diese Legierungen selten homogen sind, ist es schwierig, ein richtiges Durchschnittsmuster zu erhalten. Man muß Späne vom ganzen Querschnitt des Gegenstandes entnehmen, die Späne so weit als tunlich zerkleinern und gut durchmischen. Um der Richtigkeit möglichst nahe kommende Resultate zu erhalten, nimmt man größere Einwagen, von denen nach dem Auflösen aliquote Teile untersucht werden.

## 16. Entzinnte Weißblechabfälle.

Dieselben werden für den Eisenhüttenprozeß so wie andere Blechabfälle verwendet und enthalten fast immer noch kleinere Mengen Zinn, welches dann in das Eisen übergeht und dessen Qualität vermindert. Eine möglichst genaue Probenahme ist deshalb für die Untersuchung und richtige Beurteilung von großer Wichtigkeit. Da die Weißbleche an den Rändern oft eine bedeutend dickere Zinnschicht besitzen als sonst, so bleibt beim Entzinnen an den Randteilen der Bleche häufig mehr Zinn zurück. Bei der Entnahme der Probe ist deshalb zu berücksichtigen, daß man von möglichst vielen Stellen Stückchen abschneidet, die dann noch weiter zerkleinert und durchgemischt werden müssen.

# II. Chemische Untersuchung.

## 1. Eisenerze, Briketts, Abbrände, Anilin-rückstände und Eisenschlacken.

### A. Einzelbestimmungen.

#### a) Gesamteisen (Permanganatmethode).

Wohl allgemein wird der Fe-Gehalt nach dieser Methode durch Titration des als Oxydul in der salz- oder schwefelsauren Lösung vorhandenen Fe mit Kaliumpermanganat bestimmt [1].

---

[1] Vereinzelt ist auch noch die Zinnchlorürmethode im Gebrauch. Die Gesamteisenlösung wird genau so wie bei der Reinhardtschen

Dieser chemische Prozeß verläuft z. B. in schwefelsaurer Lösung nach der Gleichung:

$$10\,FeSO_4 + 8\,H_2SO_4 + 2\,KMnO_4 = 5\,Fe_2(SO_4)_3 + K_2SO_4 + 2\,MnSO_4 + 8\,H_2O.$$

Zur Analyse braucht man also eine Kaliumpermanganatlösung, deren Wirkungswert gegenüber Eisenoxydul, mithin auch gegenüber Fe, man kennt.

Diese Methode besitzt zwei Durchführungsarten:

### 1. Reinhardtsche Methode.

0,5 g der Substanz werden in einem Becherglase von 200 ccm Inhalt nach dem guten Durchfeuchten mit Wasser in 20 ccm HCl (1,19) unter späterem Zusatz einiger Körnchen $KClO_3$ gelöst und $1—1\frac{1}{2}$ Stunden erwärmt, daß die Flüssigkeit nicht ganz zum Kochen kommt. Die dabei stark eingeengte sirupdicke Lösung nimmt man mit wenig Wasser auf, filtriert den ungelösten Rückstand ab, wäscht einigemal mit heißer verdünnter HCl und dann mit heißem Wasser aus.

Ist der ungelöste Rückstand gefärbt, so ist das ein Zeichen für noch nicht vollständig zersetztes Erz. Man äschert deshalb das Filter in einem Platin-Schälchen oder -Tiegel ein, glüht, läßt · erkalten und dampft nach Zusatz einiger Tropfen verdünnter $H_2SO_4$ und $1—2$ ccm HF zur Trockne ab. Dann schließt man mit der $4—5$fachen Menge $KHSO_4$ auf. Sobald die Schmelze klar fließt, läßt man erkalten, löst in heißem Wasser, säuert mit HCl an und fällt das Fe mit $NH_3$ aus, kocht auf, filtriert, wäscht mit heißem Wasser sehr gut aus, löst dann den Niederschlag in HCl und vereinigt ihn mit der ursprünglichen Lösung.

Diese Gesamteisenlösung wird jetzt eingeengt auf ca. 20 ccm, mit Wasser verdünnt und heiß mit $SnCl_2$-Lösung (Lösung 1,

---

Methode, bis zur Reduktion mit $Sn\,Cl_2$ vorbereitet. Beim Auflösen wird aber mehr $K\,Cl\,O_3$ zugesetzt, da alles Eisen in Form von Oxyd vorhanden sein muß. Dann ist zu beachten, daß kein freies Chlor in der Lösung mehr sein darf. Diese so zur Titration vorbereitete Lösung wird heiß mit $Sn\,Cl_2$ in geringem Überschusse versetzt und dieser mit einer Jodlösung, deren Wirkungswert auf die $SnCl_2$-Lösung gestellt worden ist, bestimmt. So wird die zur Reduktion der $Fe_2O_3$-Lösung notwendige Menge $SnCl_2$ genau bestimmt und daraus der Gesamteisengehalt berechnet. Die Gleichungen der chemischen Reaktionen sind folgende:

$$2\,FeCl_3 + SnCl_2 = 2\,FeCl_2 + SnCl_4$$
$$SnCl_2 + 2J + 2\,HCl = SnCl_4 + 2\,HJ.$$

S. 165) reduziert. Die Entfärbung der gelben Eisenlösung zeigt den Punkt der beendeten Reduktion an. Man gibt noch 7 bis 8 Tropfen $SnCl_2$ im Überschuß zu und macht das überschüssige $SnCl_2$ mit 25 ccm einer Lösung von $HgCl_2$ (Lösung 2, S. 166) unschädlich. Die Reaktion verläuft dabei nach folgender Gleichung:

$$SnCl_2 + 2\,HgCl_2 = SnCl_4 + Hg_2Cl_2.$$

Der Überschuß von $SnCl_2$ darf nur so groß sein, daß das unlösliche $Hg_2Cl_2$ in Form eines fadenziehenden, perlmutterglänzenden Niederschlages sich ausscheidet. Bisweilen, wenn die Lösung vor dem Reduzieren sehr heiß war, ist er pulverig, jedenfalls darf die Flüssigkeit aber niemals stark milchig getrübt sein. Unterdessen gibt man in einen $1\frac{1}{2}-2$ Liter fassenden Becherstutzen oder in eine große Porzellanschale 900 ccm Wasser und 60 ccm einer Lösung von $MnSO_4 + H_3PO_4 + H_2SO_4$ (Lösung 3, S. 166) und färbt mit 5 Tropfen Permanganatlösung (Titerlösung 1, S. 167) schwach rot an. Der Zusatz des Manganosulfates erfolgt, um zu vermeiden, daß bei der späteren Titration das $KMnO_4$ mit der HCl in Reaktion tritt [1]), und die $H_3PO_4$ hat den Zweck, die an sich gelbe Eisensalzlösung durch Bildung von farblosen Komplexsalzen zu entfärben.

Man spült jetzt die reduzierte Eisenlösung in den Becherstutzen und titriert die Flüssigkeit mit der $KMnO_4$-Lösung (Titerlösung 1, S. 167) auf den gleichen Farbenton. Aus der verbrauchten Anzahl Kubikzentimeter ergibt sich durch die Multiplikation ihres Wirkungswertes gegenüber Fe die vorhandene Menge Fe, die auf Prozente umzurechnen ist.

### 2. Reduktion mit metallischem, eisenfreiem Zink und Titration mit $KMnO_4$.

Die Gesamt-Fe-Lösung der Substanz, von welcher 1 g eingewogen wurde, wird genau wie bei der Reinhardtschen Methode bis zur Reduktion mit $SnCl_2$ hergestellt. Statt diese Reduktion durchzuführen, spült man die Lösung in einen Kochkolben von 600 ccm Inhalt, fügt annähernd 20 g eisenfreies

---

[1]) $KMnO_4$ wirkt zwar auf verdünnte HCl bei Abwesenheit von Ferrosalz nicht ein; wahrscheinlich entsteht aber bei der Anwesenheit von Ferrisalz intermediär ein höheres Eisenoxyd, das HCl zu Cl oxydiert. Diese letztere Reaktion wird durch Zugabe von Manganosalz ausgeschaltet.

Zink und 20 ccm verdünnte $H_2SO_4$ dazu und verschließt durch einen Kautschukstopfen, in dem sich ein Glasröhrchen befindet. Dieses endet in einen Kautschukschlauch, der mit einem Längsschlitz versehen und durch ein Stückchen Glasstab verschlossen ist (Bunsensches Ventil). Sobald keine Wasserstoffentwicklung mehr stattfindet, werden nochmals einige Stückchen Zink und einige ccm verd. $H_2SO_4$ zugefügt. Wenn dann die Gasentwicklung aufgehört hat, wird die Flüssigkeit in einen Meßkolben von 500 ccm übergespült, derselbe zur Marke aufgefüllt, gut durchgeschüttelt und die Lösung durch ein trockenes Faltenfilter in ein trockenes Becherglas filtriert. Davon werden 100 ccm = 0,2 g abgenommen und nach Zusatz einiger Tropfen verd. $H_2SO_4$ mit $KMnO_4$ (Titerlösung 1, S. 167) titriert. Die Berechnung erfolgt unter Berücksichtigung der zum Titrieren genommenen Menge Substanz wie bei der Reinhardtschen Methode.

### b) Besonderheiten bei der Eisenbestimmung.

1. In Rasenerzen, Anilinrückständen und anderen eisenreichen Produkten, die organische Substanzen enthalten.

Bei Rasenerzen, Anilinrückständen und anderen eisenreichen Produkten, die organische Substanzen enthalten, müssen diese vor dem Auflösen zerstört werden, da sie bei der späteren Titration hindern würden.

Man wägt zu diesem Zweck 0,5 g Substanz in einen geräumigen Porzellantiegel und glüht in nicht zu heißer Muffel. Ein Sintern muß unter allen Umständen sorgfältig vermieden werden. Nach dem Erkalten bringt man das Erz in ein Becherglas von 200 ccm Inhalt und behandelt mit 20 ccm konzentrierter HCl; die letzten Reste im Porzellantiegel löst man ebenfalls in konzentrierter HCl, vereinigt die Lösungen und engt sie ein. Sollte die ungelöst bleibende Kieselsäure gefärbt sein, so fügt man etwa 10 Tropfen HF zur Aufschließung hinzu. Bei den obengenannten Substanzen erübrigt sich ein Aufschluß mit $KHSO_4$. Die weitere Titration des Eisens bleibt dieselbe.

2. In Erzen, die V oder Sb enthalten.

In beiden Fällen müssen diese Körper vor dem Titrieren abgeschieden werden, da sie auf $KMnO_4$ einwirken.

0,5 g werden genau wie bei der Fe-Bestimmung nach Reinhardt in Lösung gebracht. Diese wird auf 400 ccm verdünnt und ammoniakalisch gemacht; dann wird, mit Schwefelammon das Fe gefällt. V und Sb bleiben in Lösung. Der Niederschlag von FeS wird abfiltriert, mit schwefelammonhaltigem $H_2O$ ausgewaschen und in verdünnter HCl gelöst. Die Lösung wird heiß mit $HNO_3$ oder $KClO_3$ oxydiert und mit $NH_3$ das Fe gefällt. Der filtrierte und mit heißem Wasser gut ausgewaschene Niederschlag wird durch verd. HCl gelöst, die Lösung eingeengt und nach Reinhardt titriert.

### c) Eisenoxydul.

Man wägt 1—2 g Substanz in einen Kolben von 600 ccm ein, der mit einem dreifach durchbohrten Gummistopfen verschlossen ist. Eine Bohrung trägt einen Scheidetrichter, durch die beiden anderen Bohrungen gehen rechtwinklig gebogene Glasröhren, von denen die eine mit einem Kippschen $CO_2$-Apparat verbunden ist, während die andere zum Abschluß gegen die Luft in ein Becherglas mit Wasser taucht. Man leitet eine Zeit lang $CO_2$ durch den Kolben, bis alle Luft ausgetrieben ist. Dann läßt man durch den Scheidetrichter 50 ccm HCl (1,19) zufließen, anfangs ohne zu erwärmen; später erhitzt man zum Kochen, engt die Lösung bis auf wenige ccm ein, gibt nochmals HCl zu und kocht wieder stark ein. Im $CO_2$-Strom läßt man erkalten, spült den ganzen Kolbeninhalt in einen Becherstutzen und titriert nach der Reinhardtschen Methode.

### d) Rückstand, und Eisen neben Rückstand.

Zur ersten Beurteilung von Erzen genügt vielfach die Bestimmung des Rückstandes und des Fe, das dabei in Lösung gegangen ist.

Als Einwage dient 1 oder 2 g Substanz, die mit Wasser durchfeuchtet und dann in HCl bei späterem Zusatz von einigen Körnchen $KClO_3$ unter Erwärmen bis fast zum Kochen aufgelöst werden. Der Rückstand wird abfiltriert, einige Male mit verdünnter heißer HCl (1 : 10), dann gut mit heißem $H_2O$ ausgewaschen, geglüht und gewogen. Er besteht in vielen Fällen fast nur aus $SiO_2$, in anderen aus $SiO_2$, $TiO_2$, unzersetzten Silikaten, $BaSO_4$ usw.

Das Filtrat wird im Meßkolben auf ein bestimmtes Volumen gebracht und eine aliquote, 0,5 g entsprechende Menge nach Reinhardt zur Bestimmung des Fe neben Rückstand titriert.

Es kommt oft vor, daß mehrere Prozente Fe im Rückstande verbleiben, was aber schon an der Farbe des ausgeglühten Rückstandes erkenntlich ist.

### e) Besonderheiten bei der Analysenberechnung von eisenärmeren Magneteisensteinen, die angereichert werden sollen, und von daraus hergestellten Briketts.

Eisenärmere Magneteisensteine, welche meistens der hohen Frachtspesen wegen nicht lohnend verhüttet werden können, werden seit einigen Jahren in ein hochwertiges Produkt umgewandelt, indem die Erze fein zerkleinert und durch magnetische Scheidung angereichert werden. Diese Konzentrate kommen in Form von Briketts in den Handel.

Für die Beurteilung des Roherzes muß man seinen Gehalt an $Fe_3O_4$ (Magnetit) und $Fe_2O_3$ (Hämatit) genau kennen, und sind diese Bestimmungen von größter Wichtigkeit.

Bei der Brikettierung nach dem Gröndal-Verfahren kann das $Fe_3O_4$ in $Fe_2O_3$ umgewandelt werden. Die Erzbriketts sind dann im Hochofen leichter reduzierbar, deshalb ist auch in diesem Falle die Bestimmung des darin enthaltenen $Fe_3O_4$ neben $Fe_2O_3$ sehr wichtig.

### 1. Roherze.

Folgende Bestimmungen sind für die weitere Berechnung notwendig:

Eine FeO-, eine Gesamt-Fe-Bestimmung ohne Berücksichtigung des im unlöslichen Rückstand enthaltenen Fe und eine Bestimmung des Fe im Rückstand.

2,5 g werden genau wie bei der FeO-Bestimmung im Kohlensäurestrom gelöst. Die Lösung wird schnell mit $H_2O$ in einen Meßkolben von 250 ccm gespült, wobei ein Rest des Rückstandes vorläufig im Kolben zurückbleiben kann. Der Kolben wird bis zur Marke mit $H_2O$ aufgefüllt, gut durchgeschüttelt und auf ein trockenes Filter aufgegossen. Zuerst nimmt man 100 ccm = 1 g für FeO ab und titriert in bekannter Weise ohne vorherige Reduktion. Dann nimmt man die gleiche Menge ab, engt sehr weit

ein, verdünnt mit $H_2O$, reduziert und titriert nach der Reinhardtschen Methode.

Alsbald wird der Rest des noch im Kolben verbliebenen
Rückstandes vollständig auf das Filter gebracht, dasselbe mit
verdünnter HCl und heißem Wasser gut ausgewaschen. Der
Rückstand auf dem Filter wird dann genau so, wie bei der Rein-
hardtschen Methode angegeben ist, weiter behandelt und das
Fe darin bestimmt.

Der Berechnung müssen wir folgende Betrachtung voraus-
schicken: Denkt man sich den Magnetit ($Fe_3O_4$) aus FeO und
$Fe_2O_3$ zusammengesetzt, so ist es klar, daß der Magnetit 2 Teile
Fe in Form von $Fe_2O_3$ und 1 Teil in Form von FeO enthält, daß
also das $Fe_3O_4$ die dreifache Menge des Fe enthält, als sein in
Oxydulform vorhandener Bestandteil aufweist. Man muß deshalb das in Oxydulform oben bestimmte Fe mit 3 multiplizieren,
um diejenige Menge Fe zu erhalten, welche in Form von $Fe_3O_4$
im äußersten Fall vorhanden sein kann. Ist diese berechnete
Fe-Menge kleiner als diejenige des Gesamt-Fe, das wir ohne
Berücksichtigung des Rückstandes ermittelt haben, so muß die
Differenz in anderer Form vorhanden sein, nämlich als $Fe_2O_3$
(Hämatit). Fällt aber das neben dem Rückstand ermittelte Fe
gleich oder sogar niedriger aus, als die dreifache Menge des als
FeO ermittelten Fe beträgt, so ist kein Hämatit darin enthalten
oder sogar lösliches Eisenoxydulsilikat [1]).

Zwei durchgerechnete Beispiele mögen die praktische Anwendung erläutern:

Beispiel a. (Anwesenheit von Hämatit und Abwesenheit
von löslichem Eisenoxydulsilikat.)

Durch Analyse gefunden:

Fe bestimmt neben dem Rückstand. . . 24,87 %

Fe in Form von FeO . . . . . . . . . 7,93 %

Fe im Rückstand. . . . . . . . . . . 1,76 %

---

[1]) Es läßt sich allerdings auch der Fall denken, wo neben dem Magnetit
sich gleichzeitig Hämatit und lösliches Eisenoxydulsilikat vorfindet. Unter
diesen Umständen würde natürlich der errechnete Magnetitgehalt zu
hoch ausfallen. Im übrigen ist unseres Erachtens die Möglichkeit eines
größeren Fehlers hierdurch nur sehr gering.

Also Fe in Form von

$Fe_3O_4$... $7,93 \times 3 = 23,79\ \%$ Fe
 oder $32,87\ \%\ Fe_3O_4$ (Magnetit)
$Fe_2O_3$... $24,87 - 23,79 = 1,08\ \%$ Fe
 oder $1,54\ \%\ Fe_2O_3$ (Hämatit)
löslichem Oxydulsilikat ..... keins.
Gesamt-Fe $24,87 + 1,76 = 26,63\ \%$.

Beispiel b. (Abwesenheit von Hämatit und Anwesenheit von löslichem Eisenoxydulsilikat.)

Durch Analyse gefunden:

Fe bestimmt neben dem Rückstand. . . $24,87\ \%$
Fe in Form von FeO . . . . . . . . . $8,79\ \%$
Fe im Rückstand . . . . . . . . . . . $1,76\ \%$

Die $8,79\ \%$ Fe in Form von FeO können in diesem Falle nicht allein erklärt werden durch Gegenwart von $Fe_3O_4$. Denn $8,79\ \%$ Fe in Form von FeO entsprechen $8,79 \times 3 = 26,37\ \%$ Fe in Form von $Fe_3O_4$; es sind aber in unserem Beispiel überhaupt nur $24,87\ \%$ Fe neben dem Rückstand ermittelt worden. Es muß also außer dem an $Fe_3O_4$ gebundenen FeO noch FeO in anderer Bindung vorhanden sein und kann es wohl sicher als lösliches Oxydulsilikat angenommen werden. Zur Feststellung des in Form von $Fe_3O_4$ vorhandenen Fe führt folgende Deduktion.

Fassen wir wiederum das $Fe_3O_4$ auf als $Fe_2O_3 + FeO$. In unserem Beispiele b haben wir Fe bestimmt neben dem Rückstand $= 24,87\ \%$. Davon sind in Form von FeO $8,79\ \%$. Die Differenz, also $24,87 - 8,79 = 16,08\ \%$, sind Fe in Form von $Fe_2O_3$, das mit FeO zu $Fe_3O_4$ verbunden ist. Aus diesem Fe in Form von $Fe_2O_3$ berechnen wir das Fe in Form von $Fe_3O_4$, wenn wir die Menge durch 2 dividieren und den Quotienten mit 3 multiplizieren, mithin:

$16,08 : 2 = 8,04$.     $8,04 \times 3 = 24,12\ \%$.

Wir haben demnach in unserem Beispiele b

$24,12\ \%$ Fe in Form von $Fe_3O_4 = 33,32\ \%$ Magnetit.
Hämatit keiner.

Fe in Form von Oxydulsilikat $24,87 - 24,12 = 0,75\ \%$.
Gesamt-Fe $24,87 + 1,76 = 26,63\ \%$.

### 2. Briketts.

Zur Bestimmung des $Fe_3O_4$-Gehaltes wird in 2 g der feingepulverten Probe das Fe ermittelt, welches in Form von FeO enthalten ist. Dieser Prozentsatz an Fe mit 3 multipliziert, ergibt uns die Menge Fe, die in Form von $Fe_3O_4$ vorliegt. Man berechnet daraus den $Fe_3O_4$ — also Magnetitgehalt — durch Multiplikation mit 1,3815 [1]).

### f) Mangan.

Insofern Mn für sich allein bestimmt und nicht vielleicht im Gange der vollständigen Analyse von den anderen Elementen als $Mn(OH)_2$ erhalten, geglüht und als $Mn_3O_4$ ausgewogen wird, geschieht die Bestimmung ausschließlich durch Titration mit $KMnO_4$ nach der Volhardschen oder der umgeänderten Volhard - Wolf schen Methode.

### 1. Volhardsche Methode.

Diese Methode ist die bei weitem verbreitetste. Sie beruht auf der Einwirkung von $KMnO_4$-Lösung auf Manganosalz. Als Titerflüssigkeit dient $KMnO_4$-Lösung von bekanntem Gehalt. Das theoretische Verhältnis zwischen der Einwirkung der Permanganatlösung auf Fe einerseits und Mn andererseits beträgt 0,2952. Hat man aber den Titer der Eisenlösung nach der Reinhardtschen Methode festgestellt, so ist dieser Faktor zu niedrig, wie die Erfahrung gelehrt hat. Es sind zur Umrechnung auf den verschiedenen Hüttenwerken verschiedene Faktoren in Gebrauch. Wenn aber die Mn-Bestimmung in der unten angeführten Weise erfolgt, hat sich der Faktor 0,29713 ausgezeichnet bewährt.

Zur Analyse wägt man 2—5 g der Substanz in einem Becherglase von 200 ccm Inhalt und löst nach erfolgtem Anfeuchten mit $H_2O$ in 30 ccm HCl (1,19). Dann gibt man anfänglich tropfenweise — sonst verläuft die Reaktion zu stürmisch — 20 ccm $HNO_3$ (1,40) hinzu. Die eingeengte Flüssigkeit wird mit $H_2O$ verdünnt und filtriert, das Ungelöste in bekannter Weise mit HF und $H_2SO_4$ zur Trockne abgedampft und dann, wenn nötig, mit möglichst wenig $KNaCO_3$ aufgeschlossen. Die Schmelze wird in Wasser gelöst, mit HCl angesäuert, mit einigen Tropfen $HNO_3$ (1,40) gekocht und mit der ursprünglichen Lösung vereinigt. Die gesamte Flüssigkeit spült man in einen 1 Liter Meßkolben und gibt zur Ausfällung des Fe in Wasser aufgeschlämmtes

---

[1]) Das in der Fußnote auf S. 21 Gesagte gilt in gleicher Weise natürlich auch hier.

ZnO hinzu. Das ZnO ist vorher darauf zu prüfen, ob es auf Permanganatlösung nicht reagiert [1]).

Die Zugabe des ZnO hat portionsweise unter lebhaftem Umschütteln zu erfolgen, bis eben alles $Fe_2O_3$ ausgefällt ist. Der annähernde Punkt ist in einem plötzlichen Gerinnen des Niederschlages ersichtlich. Man schüttelt weiter gut durch, bis die Flüssigkeit über dem Niederschlage farblos oder nur ganz schwach milchig gefärbt ist, der Niederschlag selbst muß dunkelbraun sein. Der Kolben wird mit Wasser fast bis zur Marke aufgefüllt, unter der Wasserleitung abgekühlt, dann genau bis zur Marke aufgefüllt, gut durchgeschüttelt und durch ein trockenes Faltenfilter in ein trockenes Becherglas filtriert [2]).

Vom Filtrate nimmt man einen aliquoten Teil je nach dem zu erwartenden Mn-Gehalte zur Titration in einen Erlenmeyerkolben ab, läßt aufkochen und titriert unter lebhaftem Umschütteln die vorher zum Kochen erhitzte Lösung.

Von der Art und Dauer des Umschüttelns ist es allein abhängig, wie rasch der Niederschlag sich absetzt, und davon wieder die Dauer der Titration überhaupt. Das Absetzen der Flüssigkeit

---

[1]) Die Prüfung geschieht in folgender Weise. Annähernd 10 ccm HCl (1,19) und 5 ccm $HNO_3$ (1,40) werden in einem Erlenmeyerkolben mit 500 ccm Wasser verdünnt. Dann fügt man von dem zu prüfenden ZnO im Überschusse zu, daß ein bemerkenswerter Teil ungelöst bleibt, schüttelt gut durch, filtriert durch ein Faltenfilter in einen Erlenmeyerkolben von derselben Größe und erhitzt zum Kochen. Sodann setzt man Permanganatlösung tropfenweise zu. 4 Tropfen müssen eine sehr deutliche, wenigstens 5 Minuten bleibende Rotfärbung verursachen. Das im Handel vorkommende Zinkoxyd (Rot-Siegel) ist meistens gut verwendbar. Es muß aber jedes einzelne Faß während seiner Verwendung noch mehrmals geprüft werden. In den meisten Fällen genügt ein Ausglühen in der Muffel, wenn das ZnO der Probe nicht stand halten sollte.

[2]) Die in den Handel gebrachten Faltenfilter sind für den Gebrauch bei der Mn-Bestimmung oft nicht direkt verwendbar, weil die Flüssigkeiten, welche hindurchfiltriert werden, oft auf die Permanganatlösung reagierende Stoffe aufnehmen. Davon kann man sich am leichtesten überzeugen, indem man heißes $H_2O$ durch mehrere übereinandergelegte Filter filtriert und dann einige Tropfen Permanganatlösung hinzufügt. Die Faltenfilter müssen deshalb für den Gebrauch vorher gewaschen werden. Das Auswaschen geschieht so, daß man die Filter in einer Porzellanschale mit kochendem destilliertem Wasser übergießt, dasselbe nach 20 Minuten abgießt und dies noch einmal wiederholt. Man breitet dann die Filter über Filtrierpapier als Unterlage auf einem abgedrehten, noch warmen Herd aus und läßt sie über Nacht trocknen.

geschieht am besten, indem man den Kolben schräg in ein Holz-
gestell (Fig. 3) legt. Man kann dann rasch erkennen, ob die
überstehende Flüssigkeit gefärbt ist oder nicht. Bei dem ersten
Umschütteln der Lösung hat man vorsichtig zu sein, da leicht
Siedeverzug eintritt und dann bei
der lebhaften Bewegung plötzlich
die Flüssigkeit aufschäumt. Die
Titration ist beendet, wenn die
klare Lösung über dem Niederschlage schwach aber doch gut bemerkbar rosa gefärbt ist, und zwar
muß diese Rosafärbung wenigstens
5 Minuten lang sich unverändert
halten.

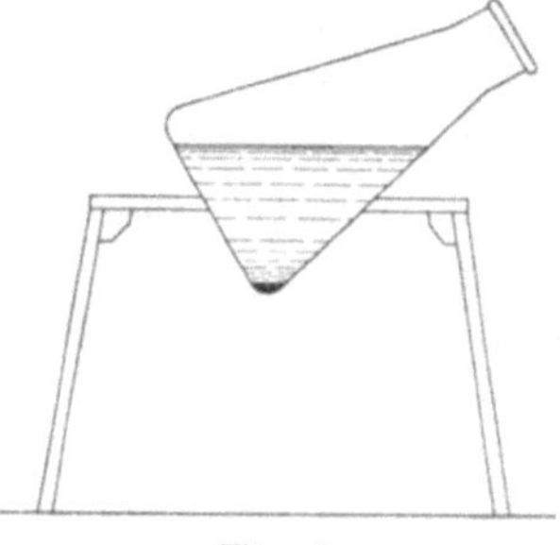

Fig. 3.

Es ist sehr zu empfehlen,
eine Vorprobe zuerst schnell zu
titrieren, um ungefähr die Zahl der zu verbrauchenden Kubikzentimeter kennen zu lernen. Bei der weiteren Titration gibt
man die annähernde Menge Permanganatlösung, die gebraucht
wird, auf einmal zu, schüttelt kräftig durch und titriert dann
schnell zu Ende.

An dieser Stelle sei noch einmal darauf hingewiesen, daß
es durchaus notwendig ist, sich genau an diesen Analysengang
zu halten. Bei anscheinend auch nur geringfügiger Änderung
muß auch eine Änderung des Faktors bei der Berechnung eintreten. Kocht man z. B. bei der Titration kurz vor Beendigung
derselben noch ein zweites Mal auf, so liegt der in diesem Fall
anzuwendende Faktor in der Nähe des theoretischen. Der präzise
Wert hängt aber dabei von der Dauer des Kochens ab.

## 2. Volhard - Wolffsche Methode.

Die von Wolff umgeänderte Volhardsche Methode unterscheidet sich von der letzteren dadurch, daß der $Fe_2O_3$-Nieder-
schlag nicht abfiltriert, sondern mit ihm titriert wird. Hier ist
jeder Überschuß von ZnO zu vermeiden, sonst fallen die Resultate
zu niedrig aus. Gewöhnlich wird die ganze Einwage titriert und
sie muß dementsprechend kleiner genommen werden. Der bei
dieser Methode in Rechnung zu setzende Faktor der Permanganatlösung ist dem theoretischen gleich, nämlich 0,2952.

### g) **Phosphor.**

### 1. In As- und Ti-freien Erzen.

Als Einwage zur Phosphorbestimmung nimmt man $\frac{1}{2}$ bis 5 g je nach dem voraussichtlichen Phosphorgehalt. Die eingewogenen Proben werden in einem Porzellanbecher (Größe 8 bis 9 cm Höhe, 6—7 cm Bodendurchmesser) in HCl (1,19) gelöst und mit 20 ccm $HNO_3$ (1,40) oxydiert. Diese Becher eignen sich wegen ihrer großen Widerstandsfähigkeit gegen hohe Temperaturen vorzüglich für das nachher notwendige Rösten auf der heißen Ofenplatte. Nach dem Eindampfen zur Trockene stellt man den Porzellanbecher während 1—2 Stunden auf eine recht heiße Ofenplatte. Nachher läßt man erkalten, löst in HCl (1,19), verdünnt mit $H_2O$, kocht auf und filtriert das Ungelöste ab.

Bei Rasenerzen, Brauneisenerzen und Frischschlacken ist der auf dem Filter verbleibende Rückstand, weil er nie nennenswerte Mengen P einschließt, zu vernachlässigen, anders aber bei Magneteisensteinen und vor allem bei deren Briketts. Hier enthält der Rückstand oft relativ bedeutende Mengen von P. Deshalb müssen in diesem Falle die Rückstände in bekannter Weise mit HF und $H_2SO_4$ aufgeschlossen und mit der ursprünglichen Lösung vereinigt werden.

Bei höheren P-Gehalten als 0,2 % wird die Flüssigkeit auf 100 ccm konzentriert, abgekühlt, mit $NH_3$ in deutlichem Überschusse versetzt und das hierbei ausgeschiedene Eisen in $HNO_3$ (1,40) gelöst, wobei ein Überschuß möglichst zu vermeiden ist.

Bei P-Gehalten unter 0,2 % empfiehlt es sich, die Lösung ganz weit einzudampfen, dann mit $HNO_3$ (1,40) zu versetzen, zu kochen bis zum Verschwinden der braunen Dämpfe und alsbald vorsichtig einzuengen, bis sich auf der Oberfläche der Flüssigkeit ein kleines Häutchen bildet, die Flüssigkeit selbst aber ganz klar ist. Sie wird abgekühlt und mit 5—10 ccm einer konzentrierten Lösung von $NH_4NO_3$ versetzt.

In diese auf die eine oder andere Art vorbereitete Lösung wird in der Kälte Ammoniummolybdat (Lösung 4, S. 166) in größerem Überschusse zugesetzt. Das Becherglas stellt man in ein Wasserbad von 40—50° C und läßt den Niederschlag vollständig absitzen. Man rührt dreimal mit einem Glasstab den jedesmal vorher gut abgesetzten Niederschlag auf, filtriert und wäscht mit salpetersaurem $H_2O$ (1 % $HNO_3$) gut aus. Die Bestimmung des P in diesem Niederschlage kann auf fünffache Weise erfolgen.

1. Man kann die Filtration auf getrocknetem und gewogenem Filter vornehmen und muß dann das Filter bei $100^0$ C trocknen und wieder wägen. Der Niederschlag hat dann die Zusammensetzung $(NH_4)_3PO_4 \cdot 12\ MoO_3$, d.h. im Niederschlag sind 1,64 %P.

2. Man kann die Auswage auch in der Weise vornehmen, daß man den bei $100^0$ C getrockneten Niederschlag vom Filter mit einem harten Pinsel in einen Porzellantiegel abpinselt und wägt. Geringe Spuren, die am Filter bleiben, spielen keine Rolle und können vernachlässigt werden. Man hat aber möglichst schnell zu wägen, da die Substanz sehr hygroskopisch ist. Die Zusammensetzung des Niederschlages ist dieselbe wie unter 1 angegeben.

3. Auch in der Weise kann der Niederschlag bestimmt werden, daß man ihn vom Filter mit $NH_3$ löst, die Lösung in ein kleines gewogenes Porzellanschälchen fließen läßt, abdampft und schwach glüht. In diesem Falle hat der Niederschlag die Zusammensetzung $24\ MoO_3P_2O_5$ und sein Gehalt an P beträgt 1,72 %.

4. Eine weitere Methode, den P in dem Niederschlage zu bestimmen, beruht auf der Titration mit Normal-Lauge bzw. Normal-Säure (siehe Bestimmung von P in Roheisen und Stahl). Diese Methode ist nur bei niedrigen P-Gehalten verwendbar.

5. Bei einer fünften Methode endlich wird der Phosphor-ammoniummolybdat-Niederschlag in kleinen Gläsern, die in graduierte Röhrchen endigen, zentrifugiert, und seine Menge kann direkt an der Skala der Röhrchen abgelesen werden.

## 2. In Ti-haltigen Erzen.

In diesem Falle muß die $TiO_2$ vor der Fällung des P entfernt werden. Man schmilzt 2—5 g der feingepulverten Probe mit $NaKCO_3$ und laugt aus. Der Phosphor geht in Lösung. Titan bleibt als Natriumtitanat ungelöst. Das Filtrat wird mit HCl angesäuert, die $SiO_2$ durch Abdampfen und Trocknen bei $150^0$ C abgeschieden, mit HCl (1,19) gut durchgefeuchtet, in Wasser gelöst, $SiO_2$ abfiltriert und das Filtrat nochmals abgedampft. Das Filtrat von der $SiO_2$ wird nach dem Abdampfen wie bei 1 weiter behandelt.

### 3. In As-haltigen Erzen.

Das As kann ganz oder zum Teil in den Niederschlag von Ammon-Molybdän-Phosphat übergehen und muß deshalb vor Fällung dieses Niederschlages abgetrennt werden. Die Probe wird wie in 1 gelöst und die $SiO_2$ abgeschieden. Die soweit zur Fällung vorbereitete Lösung wird dann ammoniakalisch gemacht, der Niederschlag mit HCl in geringem Überschusse gelöst. Man leitet unter Erwärmen $H_2S$ bis zur vollständigen Abscheidung des As ein. Der Niederschlag wird abfiltriert, das Filtrat gekocht, vom etwa ausgeschiedenen S durch Filtration getrennt, dann eingeengt, abgekühlt, ammoniakalisch, nachher schwach salpetersauer gemacht, mit molybdänsaurem Ammon gefällt und weiter behandelt wie in 1.

### h) Kupfer.

Je nach dem vermeintlichen Cu-Gehalt löst man 0,5 g (in sehr reichen Erzen), bis 10 g (bei kupferarmen Erzen und Abbränden) nach dem Anfeuchten mit $H_2O$ in HCl (1,19) und engt die Lösung ein. Nach dem Verdünnen mit $H_2O$ wird das Ungelöste abfiltriert und das Filter verascht. Der Rückstand wird mit HF und $H_2SO_4$ zur Trockene abgedampft, mit HCl in Lösung gebracht und mit der ersten Lösung vereinigt. In der Kälte fällt man das Fe mit $NH_3$, bringt es mit HCl eben wieder in Lösung und verdünnt mit kaltem Wasser auf annähernd 600 ccm. Dann leitet man einen langsamen Strom von $H_2S$ [1]) ein, bis die ausgefällten Sulfide sich gut absetzen und die Flüssigkeit über dem Niederschlage farblos, bei hohem Eisengehalt hellgrün gefärbt ist. Die ausgefällten Sulfide werden abfiltriert, mit $H_2S$-haltigem $H_2O$ ausgewaschen, dann mit verdünnter $Na_2S$-Lösung in der Wärme behandelt, und wieder abfiltriert. Das Filter mit dem Niederschlage wird alsbald gut ausgeglüht, aber mit der Vor-

---

[1]) Es sei an dieser Stelle auf eine Einrichtung hingewiesen, die es den Laboranten unmöglich macht, den $H_2S$ in zu großen Quantitäten zur Anwendung zu bringen. In den meisten Laboratorien wird der $H_2S$ wohl aus einem Zentralapparat entnommen. An den einzelnen Entnahmestellen wird nun ein kleiner Blasenzähler eingeschaltet und zwischen diesem Blasenzähler und dem Hahn in den verbindenden Gummischlauch ein Stückchen kapillares Glasrohr eingeschoben. Selbst bei ganz geöffnetem Hahn kann jetzt nur ein langsamer Gasstrom zur Anwendung kommen.

sicht, daß der Niederschlag nicht zusammensintert. Derselbe wird dann in HCl (1,19) und $HNO_3$ (1,40) gelöst, zur Abscheidung des Pb mit $H_2SO_4$ bis zum starken Abrauchen abgedampft, in Wasser gelöst und filtriert. Das Filtrat wird ammoniakalisch gemacht, das etwa vorhandene Bi mit Ammonkarbonat gefällt (geringe Mengen von noch vorhandenem Fe werden dabei auch abgeschieden), aufgekocht und filtriert. Das Filtrat säuert man mit HCl schwach an und fällt das Cu mit $H_2S$ als CuS. Den Niederschlag filtriert man und wäscht ihn mit $H_2S$-haltigem Wasser gut aus. Enthalten die Erze auch Zn, so macht man dieses Waschwasser schwach salzsauer. Bei geringen Cu-Gehalten und wenn es nicht auf ganz besondere Genauigkeit ankommt, wird der Niederschlag direkt ausgeglüht und als CuO gewogen.

Ganz genaue Bestimmungen erhält man durch elektrolytische Ausscheidung des Cu. · Der oben erhaltene CuS-Niederschlag wird in einem Porzellantiegel vorsichtig geglüht, dann in möglichst wenig $HNO_3$ (1,20) gelöst (es genügen 10—20 ccm). Diese Lösung wird in einem Becherglase von annähernd 11 cm Höhe und 7 cm Bodendurchmesser mit $H_2O$ auf 100—200 ccm verdünnt und elektrolysiert bei 0,4—0,6 Amp. und 2—2,5 Volt. Die Temperatur soll zwischen 20—30° C liegen. Ob die Ausfällung des Cu zum größten Teil beendet ist, läßt sich nach Classen [1] folgendermaßen annähernd erkennen:

Man läßt die negative Elektrode anfangs nicht ganz in die Flüssigkeit eintauchen. Ist die Ausfällung, so weit sich aus der Entfärbung der Lösung und aus der Zeitdauer schließen läßt, beendet, so taucht man die Elektrode etwas tiefer ein oder erhöht das Flüssigkeitsniveau durch Zugabe von $H_2O$ um einige Millimeter. Wenn sich jetzt auf dem neu untergetauchten Teile nach 10—15 Minuten kein Cu mehr abscheidet, ist voraussichtlich die Ausfällung quantitativ. Um sicher zu gehen, nimmt man mit einer Pipette einige ccm, verdünnt mit $H_2O$ und prüft mit $H_2S$. Es darf keine Bräunung eintreten; eine eventuell entstehende schwach milchige Trübung ist auf ausgeschiedenen S zurückzuführen.

Beweist uns diese Prüfung, daß das Cu quantitativ abgeschieden ist, so muß das Auswaschen bei ununterbrochenem

---

[1] Classen, Quantitative Analyse durch Elektrolyse. Berlin 1908, Verlag von J. Springer, S. 118.

Strom erfolgen. Es geschieht durch Abhebern und Nachfüllen mit Wasser, wenigstens dreimal, bis die Flüssigkeit nicht mehr sauer ist. Wäre das der Fall, so könnte bei der Unterbrechung des Stromes ein Teil des Cu wieder in Lösung gehen. Die Elektrode wird mit destilliertem Wasser und zum Schlusse mit absolutem Alkohol nachgespült und im Luftbade bei 80—90⁰ C getrocknet.

Das abgeschiedene Kupfer muß fleckenlos sein und die charakteristische Farbe von Elektrolyt-Kupfer haben.

Eine kolorimetrische Cu-Bestimmung ist bei dem Kapitel „Roheisen und Stahl" beschrieben.

### i) Schwefel.

Der Schwefel wird jetzt fast ausschließlich nach der Schmelzmethode bestimmt.

### 1. Kaliumchloratmethode.

Man mischt in einem geräumigen Platintiegel 1 g der feingeriebenen und bei 100⁰ C getrockneten Substanz mit 15—20 g eines Gemenges von 6 Teilen $Na_2CO_3$ und 1 Teil $KClO_3$ und erhitzt während einer Stunde über einer schwefelfreien Flamme zum Schmelzen [1]. Ist das Leuchtgas nicht vollständig schwefelfrei, so benutzt man am besten Barthelsche Benzinbrenner, die sich für diese Zwecke vorzüglich bewährt haben. In der Temperatur geht man nur bis zum guten Schmelzen, um ein Verflüchtigen der schwefelsauren Alkalien hintanzuhalten. Der noch heiße Tiegel wird mit seiner unteren Hälfte in kaltes Wasser getaucht, damit sich die Schmelze leichter von der Tiegelwandung abtrennt. Die Schmelze wird dann mit heißem Wasser vollständig in ein Becherglas gebracht. Die Lösung kocht man annähernd ½ Stunde, filtriert und wäscht sie mit heißem Wasser aus. Alsdann säuert man das Filtrat mit HCl an, dampft bis zur Trockne, erhitzt einige Zeit bei annähernd 150⁰ zur Abscheidung der $SiO_2$, läßt erkalten, nimmt in $H_2O$ und mehreren Tropfen

---

[1] Alle zur Schwefelbestimmung angewandten Reagentien, auch das destillierte Wasser, müssen vollständig schwefelfrei sein, und hat man sich durch Blindversuche davon zu überzeugen. Ist es vielleicht einmal unmöglich, einwandsfreie Reagentien zu erhalten, so muß man mit genau bestimmten Mengen arbeiten und den dafür ermittelten Schwefelgehalt in Abzug bringen.

HCl auf, filtriert, wäscht mit heißem Wasser aus und fällt in dem siedend heißen Filtrate die $H_2SO_4$ mit $BaCl_2$. Nach dem Aufkochen läßt man den Niederschlag vollständig absitzen, bei geringen Mengen am besten über Nacht, filtriert, wäscht mit heißem $H_2O$, dann verdünnter HCl und zum Schlusse wieder mit heißem $H_2O$ aus und glüht in einem Platintiegel. Durch das Verbrennen des Filters tritt zwar zum Teil eine Reduktion des Sulfates ein. Erhitzt man aber einige Zeit in schräg gestelltem Tiegel unter Luftzutritt, so oxydiert sich das BaS wieder zu $BaSO_4$, und es finden keine Verluste statt.

## 2. Natriumsuperoxyd-Methode.

Auf 1 g der aufzuschließenden Substanz nimmt man ein Gemisch von 4 g Natrium-Kaliumkarbonat und 2 g $Na_2O_2$. Man mengt dieses Gemisch mit der Einwage in einem starkwandigen Nickeltiegel gut durch und bringt es durch langsam steigende Hitze zum Sintern.

(Es empfiehlt sich, mit dem Erhitzen noch etwas weiter zu gehen, und zwar, bis das Gemenge eben zu schmelzen beginnt.)

Dann läßt man erkalten, laugt mit $H_2O$ aus und bringt die Lauge samt Niederschlag in ein ca. 700-ccm-Becherglas, setzt zum vollkommenen Niederreißen der $SiO_2$ 4 g festes $NH_4Cl$ zu, kocht stark auf und filtriert nach dem Absitzen ab; der Niederschlag wird mit heißem $H_2O$ gut ausgewaschen, das Filtrat mit HCl angesäuert und kochend heiß mit kochender $BaCl_2$-Lösung gefällt.

### k) Arsen.

5 g der fein geriebenen und getrockneten Probe werden in einer Porzellanreibschale mit glasiertem Boden mit 5 g $KClO_3$ verrieben und dann in ein Becherglas gebracht. Der in der Reibschale etwa verbliebene geringe Rest wird mit 80 ccm HCl (1,19) in das Becherglas gespült. Anfangs läßt man bei gewöhnlicher Temperatur stehen, später erhitzt man gelinde, bis das entstandene freie Cl gerade verjagt ist. Ist das Ungelöste gefärbt, so wird die überstehende Flüssigkeit in den Kolben (Fig. 4), in welchem später die Destillation zu erfolgen hat, abgegossen und der Rückstand mit etwas $KClO_3$ und HCl (1,19) in der Wärme behandelt und dann mit der anderen Flüssigkeit im Kolben

vereinigt. Größere Mengen von Rückstand, welche beim Kochen ein Stoßen verursachen könnten, werden durch Filtration und Auswaschen mit Wasser abgetrennt.

Liegen Schwefelkiese für die Untersuchung vor, so werden 5 g nach Durchfeuchten mit Wasser in $HNO_3$ (1,40) gelöst, dann mit $H_2SO_4$ zur Staubtrockne abgedampft, in wenig Wasser gelöst und in den Destillierkolben mit Wasser übergespült.

Zu diesen für die Destillation vorbereiteten Lösungen fügt man 5 g Bromkali und 3 g Hydrazinsulfat [1]), beide in möglichst

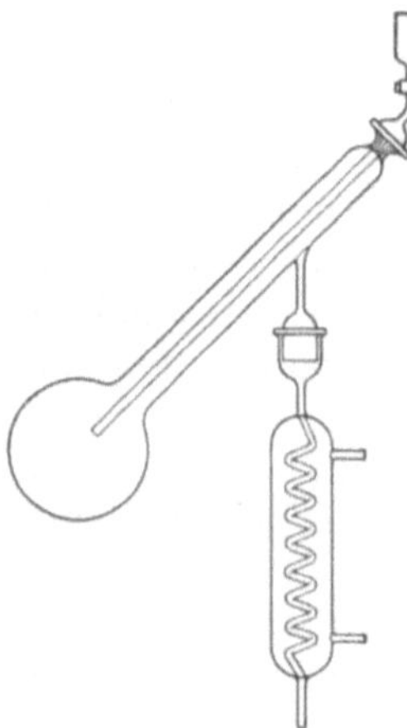

Fig. 4.

wenig $H_2O$ aufgelöst, hinzu, sodann 50 ccm einer gesättigten Lösung von $FeCl_2$ in HCl (1,12) und erhitzt zum Sieden. Man destilliert, indem man für beste Kühlung des Destillates sorgt, derart, daß noch 25—30 ccm im Kolben verbleiben, d. h. bis die Lösung strengflüssig wird und gibt nochmals 50 ccm heiße — sonst kann der Kolben leicht springen — Eisenchlorürlösung hinzu. Bei richtigem Einhalten der Mengenverhältnisse ist die Destillation in $1\frac{1}{2}$—2 Stunden beendet. Ohne die Zugabe des Bromkali und Hydrazinsulfats ist — vor allem bei größerem Arsengehalt — die Destillation nach zweimaligem Destillieren selten quantitativ und muß dann noch ein drittes und viertes Mal unter jedesmaligem Zusatz von 50 ccm HCl (1,19) wiederholt werden.

Im Destillat kann das As nun gravimetrisch oder titrimetrisch bestimmt werden.

## 1. Gravimetrische Methode.

Das Destillat wird mit $H_2O$ verdünnt und in die Lösung ca. 1 Stunde lang $H_2S$ eingeleitet. Das ausgefällte $As_2S_3$ läßt man einige Stunden stehen und filtriert es in einen gewogenen Goochtiegel. Ausgewaschen wird der Niederschlag der Reihe nach

---

[1]) Siehe Ber. d. D. Chem. Ges. 1910, S. 1218.

mit schwach HCl-haltigem $H_2O$ [1]), mit absolutem Alkohol, mit Schwefelkohlenstoff und mit Alkohol und alsdann bei 110⁰ getrocknet und gewogen. Das Auswaschen mit Schwefelkohlenstoff, das gründlich erfolgen muß, geschieht zweckmäßig in folgender Weise: In ein Becherglas von 400 ccm Inhalt gibt man 2 cm hoch Schwefelkohlenstoff und stellt den Goochtiegel auf einen Glasfuß in das Becherglas. Auf das Becherglas setzt man einen mit $H_2O$ gefüllten Rundkolben und stellt das Ganze auf ein Wasserbad. Der Schwefelkohlenstoff kommt ins Sieden und kondensiert sich an dem als Kühler wirkenden Rundkolben und tropft ständig in den Goochtiegel. Das gründliche Auswaschen ist so in kürzester Zeit und ohne Arbeitsaufwand beendet.

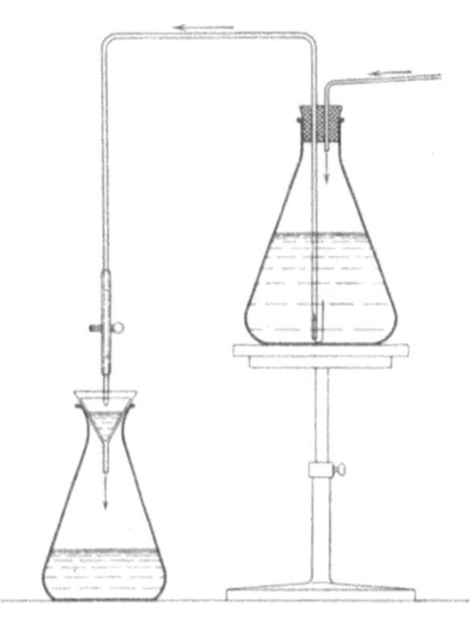

Fig. 5.

Eine zweite Methode, das ausgeschiedene $As_2S_3$ zur Wägung zu bringen, beruht auf der Anwendung gewogener Filter. Man bedient sich dazu möglichst kleiner Filter (ca. 4 cm Durchmesser). Da das Abfiltrieren auf so kleinen Filtern sehr zeitraubend ist, so filtriert man die Lösung automatisch mittels eines Hebers. Mit Hilfe eines Schraubenquetschhahnes läßt sich die Filtration genau regulieren (Fig. 5).

## 2. Titrimetrische Methode.

Das Arsen kann im Destillat auch titrimetrisch bestimmt werden. Das Destillat, das stark salzsauer ist, wird zunächst mit $NH_3$ oder besser zur Vermeidung der sonst auftretenden Reaktionswärme mit $(NH_4)_2CO_3$ alkalisch gemacht und dann

---

[1]) Man darf unter keinen Umständen mit reinem $H_2O$ auswaschen, da $As_2S_3$ sich darin kolloidal löst.

mit wenig HCl schwach angesäuert. Man fügt 3 g $NaHCO_3$ [1]) hinzu und titriert mit einer Jodlösung von bekanntem Gehalt unter Zugabe von Stärkelösung bis zur Blaufärbung [2]).

## 1) Chrom.

Erze mit höherem Chromgehalt sind mit den gewöhnlichen Lösungsmitteln kaum zur Lösung zu bringen. Man muß sie deshalb aufschließen. Als Mittel zum Aufschluß nimmt man $Na_2O_2$, und zwar 8 g, die mit 1 g des zu untersuchenden Erzes innig gemischt in einen Porzellantiegel mit dickem Boden eingetragen werden. Man schmilzt die Masse ca. 10 Minuter, doch muß man sich hüten, mit der Temperatur zu hoch zu gehen, da es sonst leicht vorkommen kann, daß der Tiegel durchschmilzt. Selbst bei dem besten Porzellan wird der Tiegel immer mehr oder weniger stark angegriffen.

Nach dem Erkalten gibt man den Tiegel samt Inhalt in ein mittleres Becherglas und behandelt mit heißem Wasser. Nach Zerstörung des noch untersetzten $Na_2O_2$ durch Kochen fügt man 20 ccm konzentrierte $H_2SO_4$ hinzu und filtriert die erkaltete Flüssigkeit. Ist der auf dem Filter verbleibende Rückstand gefärbt, so muß mit diesem Teil der Aufschluß mit $Na_2O_2$ noch einmal wiederholt werden, natürlich mit kleineren Mengen. Die vereinigten Lösungen werden in einen tarierten 1-Liter-Kolben übergespült und der Kolben mit Wasser bis zur Marke aufgefüllt. Je nach dem Chromgehalt werden zur weiteren Bestimmung 100 ccm oder mehr abgenommen.

---

[1]) Die Titration darf nicht in saurer Lösung vorgenommen werden, da die Reaktion zwischen arseniger Säure und Jod in saurer Lösung nicht quantitativ verläuft. Andererseits darf man auch nicht in alkalischer Lösung titrieren, da Jod auf freies Alkali selbst reagiert und man so zuviel Jod verbrauchen würde. Auf Bikarbonat hingegen reagiert Jod nicht.

[2]) Statt nachträglich das Destillat zu neutralisieren, ist es vorzuziehen, die Vorlage vor Beginn der Destillation mit 750 ccm $H_2O$ zu beschicken, in denen 250 g $NaHCO_2$ aufgeschlämmt sind. In diesem Fall erübrigt sich bei der Destillation die Anwendung eines Kühlers. Die Titration mit Jodlösung kann dann sofort in der Vorlage erfolgen. Von der verbrauchten Anzahl Kubikzentimeter Jodlösung sind jedoch 0,5 ccm in Abzug zu bringen, da erfahrungsgemäß bei einem Leerversuch diese Jodmenge bis zum Eintritte der Blaufärbung zugegeben werden muß.

Die Bestimmung des Chroms, das in der Lösung als Chromat vorliegt, erfolgt durch Titration mit Ferrosulfat und Permanganatlösung. Folgende beiden Gleichungen zeigen uns den Verlauf der Reaktion:

$$2\,CrO_3 + 6\,FeSO_4 + 3\,H_2SO_4 = Cr_2O_3 + 3\,Fe_2(SO_4)_3 + 3\,H_2O$$
$$10\,FeSO_4 + 8\,H_2SO_4 + 2\,KMnO_4 = 5\,Fe_2(SO_4)_3 + K_2SO_4$$
$$+ 2\,MnSO_4 + 8\,H_2O.$$

Man gibt zu der Chromsäurelösung von der Ferrosulfatlösung (Titerflüssigkeit Nr. 3, S. 169) 30 ccm hinzu und titriert dann das überschüssige Ferrosulfat mit Permanganatlösung von bekanntem Gehalt (Titerflüssigkeit Nr. 1, S. 167) zurück. Der Titer der Permanganatlösung auf Chrom ist gleich dem Titer der Permanganatlösung auf Eisen, multipliziert mit 0,310. Es ist nicht ganz leicht, den Farbenumschlag zu erkennen, besonders wenn ein Erz mit höherem Chromgehalt zur Analyse vorgelegen hat.

### m) Kupfer, Blei, Wismut, Antimon und Zinn.

In den meisten Fällen enthalten die Erze so geringe Mengen von diesen Körpern, daß für deren Bestimmung die zur Gesamtanalyse angewendete Einwage von 1 g nicht genügt und eine größere genommen werden muß. Dieselbe richtet sich nach dem vermeintlichen Gehalte, für den uns die qualitative Untersuchung einen Anhalt gibt.

Man wägt bis 10 g ein, löst nach dem Durchfeuchten mit $H_2O$ in HCl (1,19) unter Zusatz von $KClO_3$ und engt ein. Das Ungelöste wird nach dem Verdünnen mit $H_2O$ abfiltriert und das Filter verascht. Der Rückstand wird mit HF und $H_2SO_4$ zur Trockne abgedampft, mit HCl in Lösung gebracht und mit der ersten Lösung vereinigt. Bei gewöhnlicher Temperatur fällt man das Fe mit $NH_3$, bringt den Niederschlag mit HCl eben wieder in Lösung und verdünnt mit kaltem Wasser auf 600 ccm. Dann leitet man einen langsamen Strom von $H_2S$ ein, bis die ausgefällten Sulfide sich gut absetzen und die Flüssigkeit über dem Niederschlage farblos, bei hohem Eisengehalt hellgrün, gefärbt ist.

Die ausgefällten Sulfide können enthalten Cu, Pb, Bi, Sb, Sn und As, sie werden abfiltriert, mit $H_2S$-haltigem $H_2O$ ausgewaschen, dann mit verdünnter $Na_2S$-Lösung in der Wärme behandelt. In Lösung gehen dabei die Sulfide von Sb, Sn und

As. Letzteres wird in einer besonderen Einwage bestimmt. Die ungelösten Sulfide von Cu, Pb und Bi werden in $HNO_3$ gelöst und mit $H_2SO_4$ bis zum starken Abrauchen der $H_2SO_4$ abgedampft, dann in $H_2O$ gelöst, abgekühlt, mit annähernd einem Drittel des Volumens Alkohol versetzt und über Nacht stehen gelassen. Das ausgeschiedene $PbSO_4$ wird abfiltriert, zuerst mit 5 %iger $H_2SO_4$, dann mit Alkohol gewaschen. Der Niederschlag wird nach dem Trocknen möglichst vollständig vom Filter abgetrennt, dieses in einem Porzellantiegel eingeäschert, dann mit einigen Tropfen $HNO_3$ und nach dem Erwärmen mit einigen Tropfen $H_2SO_4$ versetzt, abgedampft und schwach geglüht. Nach dem Abkühlen gibt man den Hauptteil des $PbSO_4$ dazu in den Tiegel und glüht gleichfalls schwach. $PbSO_4$ enthält 68,29 % Pb.

Das Filtrat von Pb wird bis zum vollständigen Entweichen des Alkohols gekocht, dann abgekühlt, mit $NH_3$ und $(NH_4)_2CO_3$ versetzt, gekocht und filtriert.

Ist der Niederschlag von Eisen braun gefärbt, wird er in verdünnter HCl gelöst und Bi durch $H_2S$ gefällt. Der Niederschlag wird nach dem Filtrieren und Auswaschen mit $H_2O$ in $HNO_3$ gelöst, die Lösung mit $NH_3$ und $(NH_4)_2CO_3$ nochmals gefällt. Der abfiltrierte und ausgewaschene Niederschlag ergibt nach dem Glühen $Bi_2O_3$ mit 89,68 % Bi.

Das Filtrat von Bi säuert man mit HCl schwach an und fällt das Cu mit $H_2S$ als CuS. Den Niederschlag filtriert man und wäscht ihn mit $H_2S$-haltigem Wasser gut aus. Enthalten die Erze auch Zn, so macht man dieses Waschwasser schwach salzsauer.

Bei geringen Cu-Gehalten und wenn es nicht auf ganz besondere Genauigkeit ankommt, wird der Niederschlag direkt ausgeglüht und als CuO gewogen.

Ganz genaue Bestimmungen erhält man durch elektrolytische Ausscheidung des Cu. Der oben erhaltene CuS-Niederschlag wird in einem Porzellantiegel vorsichtig geglüht, damit er nicht zusammensintert, dann in möglichst wenig $HNO_3$ (1,20) gelöst (es genügen 10—20 ccm) und elektrolysiert. (Siehe „Einzelbestimmungen, Cu" S. 28.)

Die durch $Na_2S$ in Lösung gebrachten Sulfide von Sb, Sn und As werden in nachfolgender Weise getrennt. Man fällt sie durch verdünnte HCl heraus, filtriert und wäscht sie mit

$H_2O$. Dann bringt man sie mit Kalilauge in Lösung und oxydiert mit Cl oder $H_2O_2$. Ein Überschuß von Cl oder $H_2O_2$ muß durch Kochen vollständig zerstört werden. Sodann trennt man das As durch Destillation mit $FeCl_2$ (siehe „Einzelbestimmungen, As", S. 31).

Die im Destillationskolben verbliebene Lösung behandelt man mit $H_2S$ und fällt Sb und Sn heraus. Falls beide vorhanden sind, führt die Trennungsmethode von F. W. Clarke, die von Henze modifiziert ist, am besten zum Ziele.

Die Durchführung dieser Trennung ist unter der Analyse von Lagermetall S. 153 genau beschrieben.

Ist nur Sb oder Sn im Erz enthalten, so wird das gut ausgewaschene Schwefelmetall im Porzellantiegel in rauchender $HNO_3$ gelöst, abgedampft, vorsichtig geglüht und zur Wägung gebracht.

$$Sb_2O_4 \text{ enthält } 78,95 \% \text{ Sb,}$$
$$SnO_2 \text{ enthält } 78,74 \% \text{ Sn.}$$

### n) Zink, Nickel und Kobalt.

Die Größe der Einwage richtet sich nach der zu erwartenden Menge dieser Bestandteile und schwankt für gewöhnlich zwischen 1 und 5 g. Das Lösen des Erzes wird genau wie bei der Bestimmung der in salzsaurer Lösung durch $H_2S$ fällbaren Körper durchgeführt und müssen, wenn solche vorhanden sind, diese vorerst abgeschieden werden. Das Filtrat davon kocht man, bis $H_2S$ vollkommen entwichen ist, oxydiert mit $HNO_3$ (1,40) und läßt abkühlen. Fe fällt man dann mit $NH_3$ bei gewöhnlicher Temperatur, kocht auf und filtriert. $NH_3$ muß dabei in großem Überschusse vorhanden bleiben. Den Niederschlag löst man in HCl und wiederholt die Fällung zweimal. Das Filtrat konzentriert man, macht essigsauer und fällt in der heißen Lösung mit $H_2S$. Der Niederschlag wird nach dem Absitzen filtriert [1]) und mit heißem Wasser, das etwas $(NH_4)NO_3$ enthält, ausgewaschen. Ist nur Zn vorhanden, so wird der Niederschlag in einem Porzellantiegel bei schwacher Rotglut zu ZnO ausgeglüht.

ZnO enthält 80,34 % Zn.

---

[1]) Es ist zweckmäßig, auf das Filter vor dem Filtrieren etwas aufgeschlämmten Filterschleim zu geben, um ein klares Filtrat zu erhalten.

Bei Anwesenheit von Ni und Co neben Zn werden die Sulfide im Porzellantiegel schwach geglüht, in HCl aufgelöst und am besten nach der Zimmermannschen Methode getrennt [1]). Man versetzt die schwach saure Lösung mit $Na_2CO_3$ in geringem Überschusse, so daß eine schwache Trübung bleibt, welche man durch einige Tropfen sehr stark verdünnter HCl gerade in Lösung bringt. Dann setzt man auf je 80 ccm Lösung 10 ccm Ammoniumrhodanatlösung (1 : 5) zu und leitet nach dem Erhitzen auf ca. 70° $H_2S$ ein. Nach einiger Zeit scheidet sich das ZnS als weißer Niederschlag aus, der nach dem Absitzenlassen in der Wärme filtriert und mit heißem Wasser ausgewaschen wird. Der Niederschlag wird bei schwacher Rotglut bis zum konstanten Gewicht geglüht und als ZnO ausgewogen.

Das Filtrat wird ammoniakalisch und dann essigsauer gemacht, Ni und Co mit $H_2S$ ausgefällt. Gewöhnlich wird nur die Summe beider Metalle verlangt. Es werden die Sulfide in Königswasser gelöst und aus der Lösung Ni und Co mit NaOH gefällt, gut ausgewaschen, geglüht und gewogen. Der Niederschlag enthält fast immer geringe Mengen Alkali, die durch Wasser nach dem Glühen entfernt werden können und $SiO_2$. Der ausgeglühte und gewogene Niederschlag, der Ni als NiO und Co als CO und $Co_3O_4$ enthält, wird in HCl gelöst; $SiO_2$ bleibt ungelöst und kann nach dem Ausglühen zurückgewogen werden.

Die Trennung des Ni vom Co geschieht am besten nach der Methode von Tschugaeff - Brunck, wie Treadwell in seiner quantitativen Analyse, 5. Aufl., S. 134, angibt. Diese beruht darauf, daß Ni durch Dimethylglyoxim aus schwach ammoniakalischer oder natriumazetathaltiger Lösung quantitativ als Nickeloxim gefällt wird, Co dagegen nicht. Ist die Menge des Co geringer oder gleich der Menge des Ni, so verfährt man genau so, als wäre Ni allein vorhanden; bei größeren Co-Mengen verwendet man die doppelte bis dreifache Menge der alkoholischen Dimethylglyoximlösung zur Fällung und verfährt so, wie weiter unten angegeben ist. Zur Bestimmung des Co teilt man die Lösung in zwei Teile. In dem einen bestimmt man das Ni mit Dimethylglyoxim, in dem anderen Ni + Co elektrolytisch. Aus der Differenz bekommt man das Co. Liegt sehr wenig Substanz

---

[1]) Nach Treadwell, Quantitative Analyse, 5. Aufl., S. 132.

für die Analyse vor, werden zuerst beide Körper elektrolytisch abgeschieden und nach dem Wägen mit $HNO_3$ in Lösung gebracht. In dieser Lösung bestimmt man dann das Ni mit Dimethylglyoxim.

Die Ni- Bestimmung mit Dimethylglyoxim bzw. durch Elektrolyse geschieht in folgender Art:

Die Dimethylglyoximmethode nach Tschugaeff - Brunck, welche sich in der Praxis vorzüglich bewährt hat, beruht auf der Eigenschaft des Dimethylglyoxims, in alkoholischer Lösung aus ammoniakalischer oder schwach essigsaurer Lösung das Ni in Form eines scharlachroten, kristallinischen, leicht zu filtrierenden Niederschlags von Nickeldimethylglyoxim auszufällen. Die Gegenwart anderer Körper schadet dabei nicht. Der chemische Prozeß findet nach folgender Gleichung statt:

$$NiCl_2 + 2 (CH_3)_2C_2(NOH)_2 = (CH_3)_2C_2(NO)_2 . Ni . (CH_3)_2C_2(NOH)_2 + 2 HCl.$$

1—5 g Erz werden nach dem Durchfeuchten mit HCl (1,19) in Lösung gebracht und mit $HNO_3$ oxydiert. Ist das Unlösliche nicht rein weiß, und kann es Ni enthalten, so wird es nach dem Abfiltrieren, Auswaschen und Ausglühen mit HF und $H_2SO_4$ zur Trockne abgedampft, in HCl gelöst und mit dem Filtrat vereinigt. Sodann dampft man wieder zur Trockne ab, löst in HCl und filtriert, wenn die Lösung nicht ganz klar ist. Auf je 1 g Einwage setzt man dann 10—15 g kristallisierte Weinsäure zu, neutralisiert genau mit $NH_3$, fällt mit 100 ccm (eventuell mehr) 1proz. alkoholischer Lösung von Dimethylglyoxim, verdünnt mit kochend heißem Wasser auf 500—700 ccm, setzt dann tropfenweise $NH_3$ zu, bis die Lösung deutlich nach $NH_3$ riecht und läßt 1—2 Stunden an einem warmen Orte stehen. Dann filtriert man, wäscht mit heißem Wasser aus, nimmt das feuchte Filter aus dem Trichter, biegt den oberen Rand nach innen ein und steckt umgekehrt, daß die Spitze des Kegels nach oben kommt, das Filter in ein zweites, dessen oberen Rand man auch nach innen einbiegt. Diese Filter bringt man in einen mit Deckel versehenen gewogenen Porzellantiegel, erhitzt anfangs ganz schwach, bis keine Dämpfe aus dem Tiegel mehr entweichen, nimmt den Deckel ab und glüht bei mäßiger Temperatur, bis das Ni als NiO zurückbleibt. Sodann wird noch der Deckel von unten schwach ausgeglüht und nach dem Erkalten mit dem Tiegel gewogen.

NiO enthält 78,58 % Ni.

Bei der elektrolytischen Bestimmung von Ni und Co als Metall fallen dieselben gemeinschaftlichher aus. Sie müssen für die Elektrolyse als Sulfat oder Chlorid in Lösung sein, aber nicht als Nitrat. Nach Treadwell fügt man für je 0,25—0,3 g Ni. 5—10 g $(NH_4)_2SO_4$ und 30—35 ccm konzentriertes $NH_3$ hinzu und verdünnt mit $H_2O$ auf 150 ccm. Die Elektrolyse soll bei gewöhnlicher Temperatur mit einem Strome von 0,5 bis 1 Amp. und 2,8—3,3 Volt durchgeführt werden. Zur genauen Feststellung, ob alles Ni und Co herausgefällt ist, entnimmt man 5 ccm der Flüssigkeit, macht dieselbe essigsauer und prüft mit $H_2S$. Nach beendeter Elektrolyse wird bei ununterbrochenem Strome die Flüssigkeit abgehebert und die Elektrode einigemal mit $H_2O$ gewaschen wie beim Cu. Man wäscht die Elektrode mit dem Metallüberzug zum Schlusse noch mit Alkohol, trocknet im Trockenschrank und wägt [1]).

### o) Vanadin.

Man löst 10 g nach dem Durchfeuchten mit $H_2O$ in HCl und oxydiert das vorhandene FeO mit möglichst wenig $HNO_3$, filtriert das Ungelöste ab und engt das Filtrat auf dem Wasserbade auf annähernd 15 ccm ein. Dann trennt man zweimal nach der Rotheschen Methode mit Äther. Die von der ätherischen Lösung abgetrennte Flüssigkeit, welche das V enthält, wird auf dem Wasserbade zur Trockene abgedampft. Den Rückstand versetzt man mit 15 ccm HCl (1,19), dampft wieder ab und wiederholt diese Operation noch dreimal, um alles V in $VCl_4$ umzuwandeln. Sodann fügt man 25 ccm $H_2SO_4$ (1 : 1) hinzu und dampft zur Vertreibung der HCl so lange ab, bis $H_2SO_4$ stark abraucht. Jetzt spült man unter vorsichtiger Zugabe von $H_2O$ die Flüssigkeit in einen Erlenmeyerkolben, verdünnt auf annähernd 500 ccm, gibt 5—10 ccm $H_3PO_4$ (des Farbenumschlages wegen) hinzu, erhitzt auf annähernd 70⁰ und titriert mit Permanganat (Titerlösung 1, S. 167) auf schwach rosa wie bei den Fe-Bestimmungen.

Fe Titer · 0,91531 = V Titer.

---

[1]) Genaueres siehe Treadwell, Quantitative Analyse 5. Aufl., S. 109 u.f.

### p)  Molybdän [1]).

Bei geringem Mo-Gehalt werden 5—10 g, bei höherem 1—3 g in HCl (1,19) gelöst und mit $HNO_3$ oxydiert. Ein größerer Rückstand wird mit HF und $H_2SO_4$ bis zum vollständigen Vertreiben der $H_2SO_4$ abgedampft, dann wieder in HCl gelöst und mit der ersten Lösung vereinigt. Dann macht man mit NaOH alkalisch, versetzt mit einer Lösung von $Na_2S$, erwärmt 2—3 Stunden lang, filtriert und wäscht mit $Na_2S$-haltigem Wasser aus. Das Filtrat enthält das Molybdän, welches durch verdünnte $H_2SO_4$ herausgefällt wird. Man erwärmt so lange in einer Druckflasche, bis der Niederschlag sich vollständig abgesetzt hat, filtriert und wäscht mit heißem Wasser aus. Der noch feuchte Niederschlag wird in einen geräumigen, vorher gewogenen Porzellantiegel gebracht und auf dem Wasserbade getrocknet. Hierauf wird bei bedecktem Tiegel mit einer kleinen Flamme bis zum vollständigen Veraschen des Filters erhitzt und das Sulfid durch vorsichtig gesteigerte Temperatur in Trioxyd übergeführt. Um etwa nicht veraschte Kohlenteilchen vollständig zu verbrennen, fügt man nach dem Erkalten etwas in $H_2O$ aufgeschlämmtes HgO dazu, verdampft durch Erhitzen und glüht schwach, um das HgO zu verjagen.

Das Filtrieren und Ausglühen des Niederschlages kann auch sehr gut in einem Goochtiegel erfolgen. Der Niederschlag wird zuerst mit $H_2SO_4$-haltigem Wasser, dann mit Alkohol gewaschen und getrocknet. Man stellt den Goochtiegel in einen Nickeltiegel, erhitzt bei bedecktem Tiegel vorsichtig mit kleiner Flamme, bis der Geruch nach $SO_2$ verschwunden ist, dann bei offenem Tiegel bis der Boden des Nickeltiegels schwach glüht, bis zum konstanten Gewicht. Geringe Mengen von $SO_2$, welche das $MoO_3$ enthält, beeinträchtigen nicht die Richtigkeit des Resultates.

$MoO_3$ enthält 66,66 % Mo.

### q)  Wolfram.

Man hat für die W-Bestimmung in Erzen zwei Methoden.

### 1.  Die Schmelzmethode.

Man schmilzt 0,5—1 g des Erzes mit $Na_2CO_3$, laugt das entstandene $Na_2WO_4$ mit Wasser aus und filtriert. Das Filtrat

---

[1]) Siehe auch Treadwell, Quantitative Analyse, 5. Aufl., S. 239.

wird unter Anwendung von Methylorange als Indikator ganz schwach sauer gemacht und dann das W mit Benzidinlösung gefällt und ganz so weiter behandelt, wie später in der Untersuchung des hochprozentigen Wolframstahls (S. 93) genau beschrieben ist.

## 2. Die Königswassermethode.

Man löst 0,5—1 g des Erzes in Königswasser und verdünnt mit Wasser. Die sich abscheidende $H_2WO_4$ wird mit dem Rückstande abfiltriert, dann von diesem durch Lösen in $NH_3$ getrennt. Die ammoniakalische Lösung dampft man ein, raucht mit HF ab, um kleine Mengen gelöster $SiO_2$ zu entfernen, glüht und wägt. Der Glührückstand besteht aus $WO_3$ mit 79,31 % W.

### r) Titan.

Man schließt je nach dem Titangehalt 0,5—5 g Substanz in einem Platintiegel mit Natriumpyrosulfat auf. Der Aufschluß geht leicht von statten. Die Schmelze wird in heißer konzentrierter HCl gelöst. Sollte ein Teil des Erzes nicht zersetzt sein, so muß der Aufschluß mit Pyrosulfat gegebenenfalls nochmals wiederholt werden. Die Lösung spült man in einen Erlenmeyerkolben, auf dem ein kleines Trichterchen aufgesetzt ist, und reduziert dann die stark salzsaure Flüssigkeit mit Zink, indem man schwach erwärmt. Die· Temperatur soll ca. 70⁰ betragen. Zunächst wird nur das Eisen reduziert. Sobald man an der Farbe erkennen kann, daß die Eisenreduktion vollendet ist, läßt man das Zink noch ungefähr eine Stunde einwirken, da erst nach erfolgter Eisenreduktion die Reduktion des Titans beginnt. Alsdann filtriert man schnell über Glaswolle und titriert mit einer Eisenchloridlösung (Titerlösung 6, S. 172) unter Zusatz von Rhodankalium als Indikator, wobei folgende chemische Reaktion vor sich geht:

$$Ti^{\cdots} + Fe^{\cdots} = Ti^{\cdots\cdot} + Fe^{\cdot\cdot},$$

d. h. ein Teil Eisen entspricht einem Teile Titan.

### s) Kohlensäure.

Zwecks Bestimmung der $CO_2$ wird die Erzprobe in verdünnter $H_2SO_4$ gelöst; die durch die Zersetzung der Karbonate frei werdende $CO_2$ wird durch konzentrierte $H_2SO_4$ und $P_2O_5$ geleitet und so vollständig getrocknet, dann durch zwei mit feinkörnigem Natronkalk gefüllte und vorher gewogene U-Röhrchen hindurchgeführt und absorbiert.

Die Gewichtszunahme dieser Röhrchen, welche nach dem Versuche wieder gewogen werden, ergibt uns die Menge der im Erz enthaltenen $CO_2$.

Da die vorher vollständig getrocknete $CO_2$ aus dem Natronkalk etwas $H_2O$ aufnehmen kann, würden wir zu wenig $CO_2$ feststellen. Deshalb ist das zweite Natronkalkrohr in der Ausgangshälfte mit $P_2O_5$ beschickt. Während der ganzen Zeit wird durch die Apparate Luft hindurchgeleitet. Dieselbe darf keine $CO_2$ enthalten, die deshalb vorher durch verdünnte Kalilauge zurückgehalten wird. Das Saugen geschieht entweder durch einen Wasserstrahlinjektor oder mittels eines Aspirators.

Die einzelnen Teile der Apparatur sind folgende.

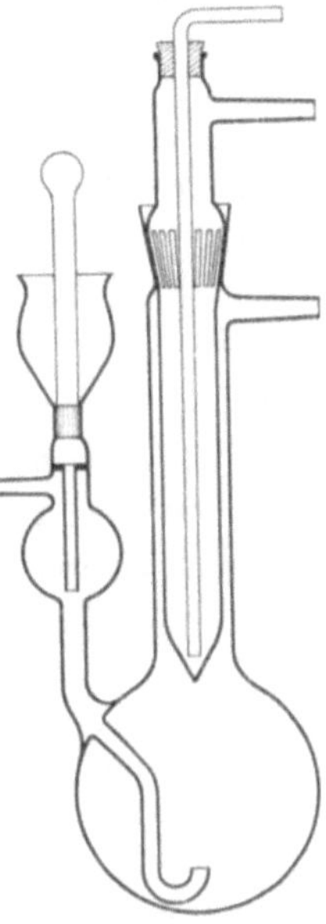

Fig. 6.

1. Waschflasche mit 15 proz. KOH.
2. Corleisscher Zersetzungskolben[1]). (Fig. 6.)
3. Kugelrohr mit konzentrierter $H_2SO_4$.
4. U-Rohr mit $P_2O_5$.
5. u. 6. U-Röhrchen mit Natronkalk und $P_2O_5$.
7. U-Rohr mit $P_2O_5$.
8. Kugelrohr mit konzentrierter $H_2SO_4$.
9. Leere Waschflasche.
10. Wasserstrahlinjektor oder Aspirator.

Man wägt in den Zersetzungskolben je nach dem $CO_2$-Gehalte zwischen 0,5 und 5 g ein, füllt den Kolben so weit mit Wasser, daß das in ihm bis nahe zum Boden reichende Rohr ins Wasser eintaucht, und setzt den ganzen Apparat zusammen. Vorher wurden das fünfte und sechste Röhrchen gewogen. Dann läßt

---

[1]) In gleich guter Weise finden auch andere für solche Zwecke konstruierte Zersetzungskolben Anwendung.

man durch den Trichter, welcher seitlich am Kolben angebracht ist, verdünnte $H_2SO_4$ einfließen, verschließt schnell mit dem eingeschliffenen Glasstab und gießt zum vollständigen Gasabschlusse noch etwas Wasser in den Trichter. Sobald der durch die $CO_2$-Entwicklung entstandene Überdruck nachläßt, saugt man $CO_2$-freie Luft langsam hindurch. Läßt die Gasentwicklung nach, so erhitzt man zuerst mit kleiner Flamme, nachher stärker und kocht schließlich eine halbe Stunde. Man kann dann sicher sein, daß alle $CO_2$ aus der Lösung ausgetrieben ist. Das Saugen hat man so zu regeln, daß man die durch die $H_2SO_4$ hindurchgehenden Gasbläschen noch leicht zählen kann. Nach Beendigung saugt man in gleicher Weise noch ½ Stunde Luft durch. Die früher bezeichneten und gewogenen Röhrchen werden jetzt wieder gewogen. Aus der Gewichtszunahme erhält man die Menge der im Erz enthaltenen $CO_2$, die man auf Gewichtsprozente umrechnet.

### t) Wasser, organische Substanz und Glühverlust.

Das Wasser kommt in den Erzen als hygroskopisches (Feuchtigkeit oder Nässe) und als chemisch gebundenes (Konstitutionswasser) vor.

Die Feuchtigkeit bestimmt man durch den Gewichtsverlust, den eine größere Probe von 200—500 g beim Trocknen bei 100 bis 105⁰ erleidet.

Für die Bestimmung des chemisch gebundenen Wassers werden 2—5 g auf einem Porzellanschiffchen in einem Glasrohre geglüht. Das dabei freiwerdende Wasser wird in einem Kugelrohre, welches konzentrierte $H_2SO_4$ enthält und vor der Bestimmung gewogen worden ist, absorbiert und durch nachherige Wägung bestimmt. An das Kugelrohr schließt sich noch ein U-Rohr mit $P_2O_5$ an, das auch vor und nach der Bestimmung gewogen wird. Die $P_2O_5$ absorbiert auch die geringsten Spuren von $H_2O$. Bevor das Schiffchen mit der Substanz in das Glasrohr kommt, wird dieses durch schwaches Ausglühen und Hindurchleiten von Luft, die vor Eintritt in das Glasrohr durch $H_2SO_4$ und $P_2O_5$ geleitet worden ist, vollständig getrocknet. In gleicher Weise saugt man auch während des Glühens der Probe trockene Luft durch den ganzen Apparat.

Die Abbildung Fig. 7 erübrigt wohl eine nähere Beschreibung. Das Saugen geschieht mittels einer Wasserstrahlpumpe oder eines Aspirators. Zum Schutz, daß nicht vielleicht etwas Feuchtigkeit vom Aspirator her in die gewogenen Röhrchen eintritt, dient eine leere Waschflasche und vorher ein Kugelrohr mit konzentrierter $H_2SO_4$.

Enthalten die Erze außer chemisch gebundenem Wasser auch noch organische Substanzen, so können beide nur zusammen bestimmt werden, und das auch nur auf dem Wege der Elementaranalyse (siehe S. 118).

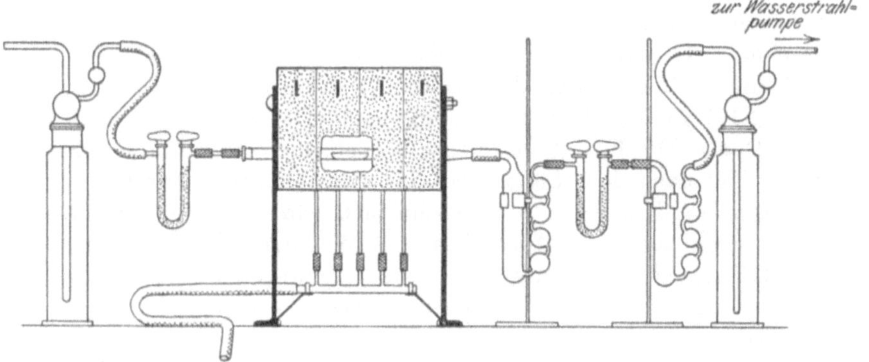


Fig. 7.

Der Hüttenmann interessiert sich aber meistens nur für den Gewichtsverlust, welchen die Erze beim Glühen erleiden, den sogenannten Glühverlust. Zu seiner Bestimmung werden 1—5 g Substanz in einem geräumigen Tiegel in einer nicht zu heißen Muffel bei Vermeidung des Sinterns unter Luftzutritt bis zum konstanten Gewichte geglüht. Der Glühverlust kann naturgemäß nur in oxydulfreien Erzen bestimmt werden, da bei oxydulhaltigen statt eines Gewichtsverlustes eine Zunahme eintritt oder eintreten kann. Bei der Bestimmung des Glühverlustes in karbonathaltigen Erzen ist zu berücksichtigen, daß beim Glühen bis zum konstanten Gewichte die $CO_2$ ausgetrieben wird und die Karbonate dann als Oxyde im Glührückstand enthalten sind (das Mn als $Mn_3O_4$).

Der größte Teil der Sulfide wird beim Glühen unter Luftzutritt gleichfalls in Oxyde übergeführt.

# B. Gesamtanalyse.

## a) Bei Abwesenheit von Baryum-, Strontium- und Chrom-Verbindungen.

Man wägt 1 g Substanz in ein 200 ccm fassendes Becherglas und löst in der Wärme in 20 ccm HCl (1,19). Sobald die Lösung beendet ist, verdünnt man mit 50 ccm $H_2O$, filtriert ab und wäscht den Rückstand mit heißem Wasser gut aus. Das Filter wird in einem Platintiegel verascht und der Rückstand mit 1 g $NaKCO_3$ aufgeschlossen. Die Schmelze wird dabei so lange erhitzt, bis sie gleichmäßig fließt und keine Gasblasen mehr daraus aufsteigen. Sie wird dann in Wasser gelöst, mit dem Filtrate vereinigt, in einer Porzellanschale zur Trockne abgedampft und auf $150^0$ einige Stunden erhitzt. Sodann feuchtet man mit HCl (1,19) gut durch, verdünnt mit heißem Wasser und filtriert die $SiO_2$ ab. Das Filtrat wird nochmals derselben Operation unterzogen und nach dem Lösen über das gleiche Filter filtriert.

Die auf dem Filter verbliebene $SiO_2$ wird in einem Platintiegel nach scharfem Ausglühen zur Wägung gebracht, dann mit HF abgedampft, ausgeglüht, wieder gewogen und der etwa verbliebene Rückstand abgezogen. Diesen bringt man durch HCl oder, wenn das nicht ganz möglich ist, durch Schmelzen mit etwas $KHSO_4$ und nachträglichem Behandeln mit $H_2O$ in Lösung und vereinigt dieselbe mit dem Filtrate von $SiO_2$ zur weiteren Untersuchung.

Wenn diese Probe aus saurer Lösung durch $H_2S$ fällbare Körper enthält, so wird die erhaltene Lösung schwach ammoniakalisch, nachher schwach salzsauer gemacht und dann der Einwirkung von $H_2S$ bei gewöhnlicher Temperatur ausgesetzt.

Die ausgefällten abfiltrierten und mit $H_2S$-haltigem Wasser ausgewaschenen Sulfide von Antimon, Blei und Kupfer werden mit Schwefelnatrium längere Zeit in der Wärme digeriert. Antimon geht dabei allein in Lösung. Es wird im Filtrat mit HCl wieder ausgefällt und die überstehende Flüssigkeit dekantiert. Durch Zugabe von konzentrierter HCl und $KClO_3$ bringt man das Antimon wieder in Lösung und filtriert den dabei ausgeschiedenen Schwefel ab. Im Filtrat leitet man Schwefelwasserstoff ein, filtriert das Sulfid ab und wäscht mit schwefelwasserstoffhaltigem Wasser gut aus. Man bringt das Filter samt Niederschlag in einen Porzellantiegel, trocknet, durchfeuchtet mit $HNO_3$ (1,40), trocknet wieder, setzt ein wenig rauchende $HNO_3$ zu, dampft nochmals zur Trockne ab und glüht schwach. Der Glührückstand ist $Sb_2O_4$ und enthält 89,68 % Sb [1]).

Der nach dem Filtrieren der $Na_2S$-Lösung auf dem Filter verbliebene Rückstand der Sulfide des Bleis und Kupfers wird in $HNO_3$ gelöst, und die Lösung unter Zugabe von einigen Tropfen $H_2SO_4$ so weit eingedampft, bis starke Schwefelsäuredämpfe auftreten. Man verdünnt mit Wasser, versetzt mit ein Viertel des Volumens Alkohol, läßt einige Stunden stehen und filtriert auf ein kleines Filter das ausgeschiedene Bleisulfat und bringt es als solches zur Auswage. Die vom Bleisulfat abfiltrierte Kupferlösung wird nach dem Verkochen des Alkohols mit $H_2S$ zur Ausfällung gebracht und kann dann beliebig bestimmt werden [2]). (Siehe Einzelbestimmung, S. 28.) Das Filtrat von den Sulfiden des Cu, Sb und Pb wird bis zum vollständigen Verjagen des $H_2S$ gekocht, mit $HNO_3$ (1,40) oxydiert und erkalten gelassen.

Waren anfänglich keine durch $H_2S$ aus saurer Lösung fällbaren Körper vorhanden, so oxydiert man das Filtrat der $SiO_2$ direkt mit $HNO_3$.

Die so erhaltene Lösung wird mit $NH_3$ annähernd neutralisiert. Die Flüssigkeit muß ganz klar sein. Die genaue Neutralisation nimmt man in folgender Weise vor: Man versetzt die Lösung mit einer solchen von $(NH_4)_2CO_3$, bis nach längerem Durchmischen ein deutlicher Niederschlag bleibt. Diesen löst man durch ganz vorsichtig zugesetzte 10 proz. HCl. Die Neutralisation muß in der Kälte durchgeführt werden. Nun fügt man dazu 50 ccm einer konzentrierten neutralen Lösung von essigsaurem Ammon. (Hergestellt durch vorsichtiges Mischen

---

[1]) Enthält das Erz As, so ist dasselbe in die $Na_2S$-Lösung übergegangen und wurde mit der Salzsäure als $As_2S_3$ mit dem Sb herausgefällt. Diese beiden Sulfide werden mit Königswasser in Lösung gebracht, die Lösung konzentriert und das As mit Magnesiamixtur gefällt. Das Filtrat von As wird angesäuert, mit $H_2S$ das Sb herausgefällt und der Niederschlag wie oben in $Sb_2O_4$ übergeführt.

[2]) In seltenen Fällen enthalten die Erze auch Bi. Zwecks Bestimmung wird das vom Alkohol befreite Filtrat des Bleis mit $NH_3$ und kohlensaurem Ammon versetzt und gekocht. Der Niederschlag von $Bi(OH)_3$ wird nach dem Filtrieren und Auswaschen mit Wasser geglüht und als $Bi_2O_3$ gewogen. Das Filtrat von Bi wird mit HCl angesäuert und durch $H_2S$ das Cu gefällt.

## Schema der Gesamtanalyse bei Abwesenheit von Ba,-Sr-,und Cr-Verbindungen.

Einwage 1 g, lösen in HCl, filtrieren

| Rückstand | Filtrat |
|---|---|
| aufschließen mit NaKCO$_3$, lösen in HCl, vereinigen mit . . . . . . . . . . . . . . | ↓ |

Vereinigte Lösung eindampfen, Rückstand mit HCl u. H$_2$O behandeln, filtrieren

| Rückstand | Filtrat |
|---|---|
| glühen, wägen, abrauchen, zurückwägen, **SiO$_2$** — Glührückstand lösen, vereinigen mit . . . . . . . . . . | ↓ |

Vereinigte Lösung fällen mit H$_2$S, filtrieren

| Niederschlag | Filtrat |
|---|---|
| mit Na$_2$S digerieren, filtrieren | Zweimalige Trennung nach dem Azetat-Verfahren |

**Niederschlag** (mit Na$_2$S digerieren, filtrieren):

| Rückstand | Filtrat |
|---|---|
| in HNO$_3$ lösen, mit H$_2$SO$_4$ u. Alkohol das **Pb** als PbSO$_4$ abscheiden, filtrieren vom **Cu**, dieses fällen mit H$_2$S | mit HCl ansäuern. **Sb** als Sb$_2$O$_4$ bestimmen |

**Filtrat** (Zweimalige Trennung nach dem Azetat-Verfahren):

| Niederschlag | Filtrat |
|---|---|
| lösen in HCl mit NH$_3$ fällen, auswaschen, wägen Fe$_2$O$_3$+Al$_2$O$_3$+TiO$_2$+P$_2$O$_5$, **Fe,Ti, P** in besonderer Einwage bestimmen, durch Differenz **Al** | mit H$_2$S behandeln, filtrieren |

| Niederschlag | Filtrat |
|---|---|
| **Zn S, NiS, CoS** Bestimmung und Trennung in besonderer Einwage | Verkochen des H$_2$S, mit HN$_3$ u. Br versetzen, filtrieren |

| Niederschlag | Filtrat |
|---|---|
| auswaschen, glühen, als **Mn$_3$O$_4$** wägen | mit NH$_3$ u. Ammonoxalat versetzen, filtrieren |

| Niederschl. | Filtrat |
|---|---|
| auswaschen, titrieren oder glühen u. als **CaO** wägen | mit Na$_2$HPO$_4$ das **Mg** fällen, abfiltrieren u. als Mg$_2$ P$_2$O$_7$ bestimmen |

von konzentrierter Essigsäure und Ammoniak (25 %). Diese Lösung darf nur ganz schwach sauer sein.) Alsdann kocht man kurze Zeit. Der ausgeschiedene Niederschlag muß rotbraun sein und nicht ziegelrot, sonst setzt er sich schlecht ab und geht beim Filtrieren trübe durch. Der abfiltrierte und mit heißem Wasser ausgewaschene Niederschlag wird in HCl aufgelöst, und das Filter mit heißem Wasser gut ausgewaschen. Diese Fällung wird noch einmal wiederholt.

Der Niederschlag wird wieder in HCl gelöst, und das Filter vollständig mit heißem Wasser ausgewaschen. Die erhaltene Lösung fällt man dann in der Kälte mit einem schwachen, aber deutlichen Überschuß von $NH_3$, kocht auf, filtriert nach dem vollständigen Absitzen, wäscht mit heißem Wasser erst mehrere Male unter Dekantation, bringt den Niederschlag quantitativ· aufs Filter und wäscht vollkommen aus, bis das Waschwasser mit $AgNO_3$ keine Cl-Reaktion mehr zeigt. Der Niederschlag wird, nachdem er getrocknet worden ist, in einem Platintiegel bis zum konstanten Gewicht geglüht. Er besteht aus $Fe_2O_3 + P_2O_5 + TiO_2 + Al_2O_3$. Die drei ersten Körper sind in anderen Einwagen bestimmt worden. (Vgl. Einzelbestimmungen, S. 15, 26, 42.) Ihre Summe davon abgezogen, ergibt uns $Al_2O_3$.

Das Filtrat von der Fällung mit essigsaurem Ammon wird konzentriert und mit Essigsäure versetzt. In der Wärme leitet man $H_2S$ ein. Zn, Co und Ni fallen aus.

Da ihre Mengen meist sehr gering sind, erfolgt ihre Bestimmung und Trennung in der Regel in einer besonderen größeren Einwage. (Vgl. Einzelbestimmungen S. 37.)

Das Filtrat von Zn, Ni und Co wird bis zur völligen Vertreibung des $H_2S$ gekocht und mit $NH_3$ im Überschusse versetzt. Auf Zusatz von Bromwasser fällt das Mangan als hydratisches $MnO_2$ aus. Man läßt in der Kälte längere Zeit stehen, bis das $MnO_2$ sich abgesetzt hat, kocht auf, filtriert und wäscht den Niederschlag sehr gut aus, bringt ihn nochmals mit HCl in Lösung und wiederholt die Fällung mit Bromwasser. Der ausgeglühte Niederschlag besteht aus $Mn_3O_4$. Er enthält 72,05 % Mn oder 93,01 % MnO.

Das vom Manganniederschlag verbleibende Filtrat wird aufgekocht und mit oxalsaurem Ammon das Ca als oxalsaurer Kalk gefällt und durch Filtration und Auswaschen mit heißem

Wasser abgetrennt. Bei geringen Mengen glüht man den Kalk in einem Platintiegel stark aus und bringt ihn als CaO zur Wägung. Bei erheblicheren Mengen wird der sehr gut mit Wasser ausgewaschene Niederschlag mit dem Filter in das Becherglas, in welchem die Fällung stattgefunden hat, gebracht, mit heißem $H_2O$ und verd. $H_2SO_4$ versetzt und nach dem Lösen heiß mit der Permanganatlösung (Titerlösung 1, S. 167), welche man für die Fe-Bestimmung hat und deren Eisentiter man kennt, titriert. Der Eintritt der Reaktion, also der Entfärbung der Lösung, bedarf mehrerer Sekunden, wodurch man sich nicht täuschen lassen darf. Der Titer der $KMnO_4$-Lösung auf CaO beträgt die Hälfte des Titers auf Fe.

Das Filtrat von der Kalkfällung wird gut abgekühlt, mit einer Lösung von phosphorsaurem Natrium und $\frac{1}{4}$ seines Volumens $NH_3$ (25 proz.) versetzt. Man reibt zur leichteren Ausfällung mit einem, am Ende mit Kautschuck überzogenen, Glasstabe die Wandungen des Becherglases bis der Niederschlag von Magnesium-Ammoniumphosphat ausfällt. Nach dem vollständigen Absitzenlassen, was am besten über Nacht geschieht, wird filtriert, der Niederschlag mit verdünntem $NH_3$ (3 proz.) gut ausgewaschen und im Platintiegel ausgeglüht. Das Ausglühen muß anfangs bei niedriger Temperatur erfolgen, sonst bleibt der Niederschlag grau, was aber nicht viel der Genauigkeit schadet. Der ausgeglühte Rückstand ist $Mg_2P_2O_7$ mit 36,24 % MgO.

Ehe wir Analysenmethoden bei Anwesenheit von Cr, Ba und Sr folgen lassen, sei der Verlauf der Gesamtanalyse noch einmal, der besseren Übersicht halber, in Form eines Schemas dargestellt. (s. S. 48.)

### b) Bei Anwesenheit von Chromverbindungen [1]).

Man löst 1 g der Substanz nach dem Durchfeuchten mit $H_2O$ in 20 ccm HCl (1,19), setzt einige Tropfen $HNO_3$ (1,40) zu und dampft zur Trockne ein, erhitzt 2 Stunden auf 150° C, nimmt in HCl (1,19) und $H_2O$ auf, filtriert den unlöslichen Rückstand ab; diesen schmilzt man in einem Ni-Tiegel mit $Na_2O_2$, löst die Schmelze in $H_2O$ und HCl auf, scheidet die $SiO_2$ durch Abdampfen zur Trockne ab, löst wieder in HCl, dampft bei Anwesenheit größerer Mengen von Cr einigemal nach Zusatz

---

[1]) Nach Ledebur.

von Alkohol bis zum Verjagen desselben ab, verdünnt mit $H_2O$ und filtriert.

In dem Filtrat vom unlöslichen Rückstand entfernt man nach der Rotheschen Methode durch Ausschütteln mit Äther den größten Teil des Fe, das in den Äther übergeht. Die wäßrige Lösung wird durch Kochen von dem anhaftenden Äther befreit und mit dem Filtrate von der $SiO_2$ vereinigt.

Diese Lösung wird dann bei gewöhnlicher Temperatur in einem geräumigen Kolben mit aufgeschlämmtem $BaCO_3$, unter Vorsicht wegen des anfänglichen starken Aufbrausens, im Überschusse versetzt und bei gewöhnlicher Temperatur 24—48 Stunden, mit einem Stopfen geschlossen, stehen gelassen. Während dieser Zeit schüttelt man öfter durch, dann filtriert und wäscht man mit kaltem Wasser aus. Auf dem Filter verbleiben Fe, P, Al, und Cr.

Der Niederschlag wird in HCl gelöst, Ba durch $H_2SO_4$ entfernt, das Filtrat mit einem geringen Überschuß von $NH_3$ gefällt. Der Niederschlag wird geglüht und gewogen. Er besteht aus $Fe_2O_3$, $P_2O_5$, $Al_2O_3$ und $Cr_2O_3$. Derselbe wird, nachdem er in einer Achatreibschale fein gepulvert worden ist, mit $Na_2O_2$ geschmolzen und die Schmelze in $H_2O$ gelöst. In Lösung geht das Cr als $Na_2CrO_4$. Darin wird das Cr titrimetrisch bestimmt. (Siehe Einzelbestimmung, S. 34.) Als Rückstand verbleibt $Fe_2O_3$, das gelöst und nach Reinhardt bestimmt wird. Der P wird in einer anderen Einwage bestimmt.

Da Fe, P und Cr jetzt bekannt sind, kann $Al_2O_3$ leicht berechnet werden.

Das Filtrat von der Fällung mit $BaCO_3$ wird in der Siedehitze mit $H_2SO_4$ in geringem Überschusse versetzt. Das ausgeschiedene $BaSO_4$ wird abfiltriert.

Die Fällung und Bestimmung des Mn, Zn, Ni, Co, Ca und Mg geschieht wie früher.

Ni und Co müssen für alle Fälle in einer anderen Einwage bestimmt werden, da der Nickeltiegel beim Schmelzen mit $Na_2O_2$ stark angegriffen worden ist und die Schmelze Ni und auch Co aufgenommen hat.

Das Fe wird in einer besonderen Einwage bestimmt.

Sind auch aus saurer Lösung durch $H_2S$ fällbare Körper enthalten, müssen dieselben vor der Mn-Fällung abgeschieden werden.

4*

**c) Bei Anwesenheit von Baryum- und Strontium-Verbindungen.**

Enthält die Probe $BaSO_4$ und $SrSO_4$ oder eines von beiden oder auch andere Ba- und Sr-Verbindungen, so wird gleichfalls 1 g Substanz in ein 200 ccm fassendes Becherglas eingewogen, in der Wärme in 20 ccm HCl (1,19) gelöst. Nach beendeter Lösung verdünnt man mit 50 ccm $H_2O$, filtriert ab und wäscht den Rückstand mit heißem $H_2O$ gut aus. Das Filtrat dampft man zur Trockne, erhitzt einige Stunden auf $150^0$ C, läßt abkühlen, durchfeuchtet mit HCl (1,19), löst dann in heißem Wasser auf und filtriert. Auf dem Filter befindet sich die anfänglich in Lösung gegangene und dann durch das Eindampfen unlöslich gemachte $SiO_2$. Das Filtrat wird aufgekocht, in der Siedehitze tropfenweise mit verdünnter $H_2SO_4$ und Alkohol [1]) versetzt, bis kein Niederschlag mehr herausfällt, derselbe absitzen gelassen, filtriert und gut ausgewaschen. Das Filtrat bezeichnen wir mit 1.

Der beim Lösen in HCl verbliebene Rückstand wird mit dem Filter eingeäschert, dann mit 1 g $NaKCO_3$ geschmolzen. Durch den Aufschluß sind die Sulfate von Ba und Sr in Karbonate übergeführt und die $H_2SO_4$ ist an Alkalien gebunden worden. Durch den Zusatz von HCl würden Ba und Sr sich wieder in die Sulfate umwandeln, dann mit der $SiO_2$ zur Wägung gelangen und so das Resultat von der $SiO_2$ unrichtig beeinflussen. Deshalb muß in nachfolgender Weise weiter verfahren werden. Die Schmelze wird in heißem Wasser gelöst, filtriert und mit heißem Wasser gut ausgewaschen. Die schwefelsauren Alkalien werden herausgelöst; sie können auch $SiO_2$ enthalten und werden deshalb abgedampft, bei $150^0$ C einige Stunden getrocknet, mit HCl (1,19) durchfeuchtet, mit heißem Wasser auf das Filter filtriert (Filtrat 2), welches die durch Abdampfen der salzsauren Lösung der Probe abgeschiedene $SiO_2$ enthielt. Filtrat 2 kommt zu Filtrat 1.

Der Rückstand von dem wäßrigen Auszug der Schmelze wird von dem Filter in eine Porzellanschale gespült, das Filter selbst eingeäschert und dazu gegeben, in HCl gelöst, zur Trockne abgedampft, einige Stunden auf $150^0$ erhitzt, mit HCl (1,19) durchgefeuchtet, mit heißem Wasser verdünnt und auf das Filter,

---

[1]) Bei Abwesenheit von Sr erübrigt sich die Zugabe von Alkohol. ebenso die später beschriebene Behandlung mit Ammonkarbonat.

welches schon die anderen Teile der $SiO_2$ enthält, filtriert, in einem
Platintiegel ausgeglüht und gewogen. Das Filtrat wird kochend
mit verdünnter $H_2SO_4$ und Alkohol versetzt. Der Niederschlag
von $BaSO_4$ und $SrSO_4$ wird auf das Filter filtriert (Filtrat 3),
welches die in die erste salzsaure Lösung gegangenen Baryum-
verbindungen enthält.

Der auf dem Filter befindliche Niederschlag von $BaSO_4$
und $SrSO_4$ wird in ein Becherglas abgespritzt und mindestens
12 Stunden der Einwirkung von Ammonkarbonat ausgesetzt.
Das Strontium setzt sich dabei zu Karbonat um. Wir haben
also nach der Behandlung mit Ammonkarbonat im Becherglas
$BaSO_4$ und $SrCO_3$. Beide Körper werden abfiltriert und das in
Lösung befindliche $(NH_4)_2SO_4$ gut ausgewaschen. Gibt man
dann auf das Filter verdünnte HCl, so geht Strontium in Lösung
und kann im Filtrat mit $H_2SO_4$ und Alkohol wieder gefällt werden.
Die so getrennten Sulfate von Baryum und Strontium werden
ausgeglüht und als solche gewogen.

$BaSO_4$ enthält 58,85 % Ba oder 65,71 % BaO.

$SrSO_4$ enthält 47,70 % Sr oder 56,41 % SrO.

Das Filtrat 3 wird mit Filtrat 2 und 1 vereinigt und der
Alkohol durch Erwärmen verjagt. Diese Lösung wird dann,
wenn nötig, mit $H_2S$ behandelt, im übrigen aber dem Azetat-
verfahren unterworfen.

# 2. Roheisen, Ferrolegierungen und Stahl.

## A. Kohlenstoff.

Die chemisch bestimmbaren Formen, in welchen sich der
Kohlenstoff im Roheisen und Stahl befindet, sind der Graphit,
die Karbidkohle und die Härtungskohle. Beim Behandeln mit
verdünnter heißer $HNO_3$ (1,2) bleibt der Graphit zurück, die
Karbidkohle geht in Lösung und die Härtungskohle verflüchtet
sich. Die beiden letzteren Formen des Kohlenstoffs, von welchen
auf diese Weise der Grahpit getrennt werden kann, werden kurz
als chemisch gebundener Kohlenstoff bezeichnet.

Beim Roheisen interessieren vor allem die Bestimmung
des Gesamtkohlenstoffs und die des Graphits; beim Stahl die
des Gesamtkohlenstoffs, der Karbidkohle und der Härtungskohle.

### a) Gesamtkohlenstoff.

Die Bestimmung des Kohlenstoffs im Roheisen und Stahl beruht darauf, daß der Kohlenstoff zu Kohlensäure oxydiert und die dabei entstandene Kohlensäure absorbiert und gewogen wird. Diese Oxydation des Kohlenstoffs kann nach zwei Methoden vorgenommen werden:

mit einem Chromschwefelsäure-Gemisch und

durch direkte Verbrennung im Sauerstoffstrome.

Bei ersterer Methode muß unter bestimmten Umständen, auf die wir später noch zu sprechen kommen, ein Aufschluß im Chlorstrome vorangehen.

### 1. Chrom - Schwefelsäure - Verfahren.

Die Apparatur beim Chrom-Schwefelsäure-Verfahren ist fast genau die gleiche, wie wir sie bereits bei der Bestimmung der Kohlensäure in Erzen kennen gelernt haben. Nur muß die Apparatur noch eine kleine Vervollständigung erfahren. Bei der Einwirkung der Chromschwefelsäure auf Roheisen und Stahl ist es möglich, daß neben der Kohlensäure auch Kohlenwasserstoffe entstehen und sich diese der weiteren Oxydation und infolgedessen auch dann der Absorption und späteren Wägung entziehen. Um diese eventuell sich bildenden Kohlenwasserstoffe zu oxydieren, wird in die Apparatur noch eine Platinkapillare von 30 cm Länge und 0,5 mm lichter Weite, die in der Mitte in Form einer Schlinge gebogen ist, eingeschaltet.

Der besseren Übersicht halber wollen wir auch hier noch einmal die einzelnen Apparaturteile aufzählen.

1. Waschflasche mit 15 proz. Kalilauge.
2. Corleisscher Zersetzungskolben.
3. Platinkapillare mit untergestelltem Bunsenbrenner.
4. Waschflasche mit konzentrierter Schwefelsäure.
5. U-Rohr mit $P_2O_5$.
6. u. 7. U-Röhrchen mit Natronkalk, von denen das zweite in der Ausgangshälfte mit $P_2O_5$ beschickt ist.
8. Kugelrohr mit konzentrierter $H_2SO_4$.
9. Leere Waschflasche.
10. Wasserstrahlinjektor.

Die eigentliche Bestimmung wird folgendermaßen vorgenommen.

Die Absorptionsröhrchen 6 und 7 werden zunächst durch ein Glasrohr ersetzt, dann läßt man durch den seitlichen Trichter in den Corleis-Kolben der Reihe nach 25 ccm gesättigte Chromsäurelösung, 200 ccm konzentrierte $H_2SO_4$ und 150 ccm $H_2O$ [1]) einfließen. Man schließt dann den seitlichen Trichter mit dem eingeschliffenen Glasstab und prüft die Apparatur zunächst auf ihre Dichtigkeit. Ist der Beweis erbracht, daß alles dicht abschließt, so wird mit dem Erhitzen der Chromsäurelösung begonnen, und zwar unter gleichzeitigem Durchsaugen von Luft. Die Luft soll so langsam durchgesaugt werden, daß die Gasblasen gut zu beobachten und zu zählen sind. Das Auskochen der Chromsäurelösung, das ungefähr 2 Stunden zu dauern hat, muß vorgenommen werden, um etwaige Spuren von organischen Substanzen, die sich im Corleis-Kolben oder auch in der Aufschlußflüssigkeit befinden könnten, vor der eigentlichen Verbrennung zu zerstören. Beachtet man diese Vorsichtsmaßregel nicht und nimmt die Verbrennung in der unausgekochten Chromsäurelösung vor, so werden die erhaltenen Resultate meistens zu hoch ausfallen.

Nachdem die Chromsäurelösung genügend ausgekocht ist, läßt man unter Luftdurchleiten erkalten und schaltet dann die gewogenen Absorptionsröhrchen ein. Die zu untersuchende Substanz hat man mittlerweile in ein kleines Glaseimerchen (Maße: 15 mm Durchmesser, 35 mm Höhe, oder 15 mm Durchmesser und 20 mm Höhe), das an einem haarfeinen Platindraht befestigt ist, eingewogen, und zwar nimmt man in der Regel als Einwage für Roheisen 1 g, für Stahl 3—5 g. Man lüftet jetzt den im Halse des Corleis-Kolben befindlichen Kühler, läßt das Glaseimerchen mit samt dem Platindraht in den Kolben hineingleiten, setzt möglichst schnell den Kühler wieder auf und dichtet ihn mit einigen ccm Wasser ab.

Während der ganzen Verbrennung wird ein langsamer Luftstrom durch die Apparatur hindurchgesaugt. Man hat die Stärke des Luftstromes entsprechend der Gasentwicklung im Zersetzungskolben zu regeln. Anfangs darf der Corleis-Kolben nur mit kleiner Flamme erhitzt werden. Läßt dann später die Gasentwickelung nach, so wird die Flamme vergrößert, bis die

---

[1]) Die 150 ccm Wasser können bei schwer zersetzbaren Eisensorten durch 150 ccm einer 20proz. Kupfersulfatlösung ersetzt werden.

Flüssigkeit im Kolben zum Sieden kommt. Man erhält die Lösung mindestens 2—3 Stunden im Sieden, entfernt dann die Flamme und läßt unter Luftdurchleiten erkalten.

Die vor Beginn der Verbrennung gewogenen Absorptionsröhrchen werden jetzt herausgenommen und wieder zurückgewogen. Ihre Gewichtszunahme entspricht der entstandenen Menge $CO_2$ mit 27,27 % C.

Die Chromsäurelösung im Zersetzungskolben reicht zur Vornahme von drei Verbrennungen. Eine vierte Verbrennung mit derselben Lösung vorzunehmen, ist nicht ratsam, da dann die Oxydationskraft manchmal schon nicht mehr ausreicht, den Kohlenstoff zu Kohlensäure zu verbrennen. Bei der zweiten und dritten braucht die Chromsäurelösung natürlich vorher nicht mehr besonders ausgekocht zu werden. Es ist aber empfehlenswert, zu jeder Bestimmung, welche von größerer Wichtigkeit ist, neue Chromsäurelösung zu nehmen und nach Beendigung die Lösung im Corleis-Kolben mit Wasser zu verdünnen und durch Augenschein sich davon zu überzeugen, ob der Graphit auch vollständig zersetzt ist. Wenn das nicht der Fall wäre, muß die Bestimmung wiederholt werden, wobei man die Lösung 1—2 Stunden länger kocht. Man kann sich von der ausgekochten Chromsäurelösung auch eine größere Menge herstellen und in einer mit einem eingeriebenen Glasstopfen versehenen Glasflasche zum Gebrauch aufbewahren.

### 2. Chloraufschluß.

Wie schon früher bemerkt wurde, gibt es eine Reihe von Roheisensorten (hierzu gehören vor allem die Spezialroheisen wie Ferrosilizium, Ferrochrom usw.), deren Kohlenstoffgehalt nicht durch einfache Oxydation mittels Chromschwefelsäure bestimmt werden kann. Diese Roheisensorten müssen deshalb für die eigentliche Kohlenstoffverbrennung vorbereitet oder, wie man sagt, aufgeschlossen werden. Der Aufschluß geschieht durch Erhitzen der Substanz im Chlorstrome. Die bei diesem Prozeß sich bildenden Chloride des Eisens, Siliziums und Phosphors sind leicht flüchtig, und zurückbleibt, abgesehen von einigen wenigen in geringerem Maße flüchtigen Chloriden, nur der reine Kohlenstoff, der dann im zweiten Teile der Analyse nach dem Chromschwefelsäureverfahren bestimmt werden kann.

Zum Chloraufschlusse dient folgende Apparatur.

Am vorteilhaftesten entnimmt man das Chlor einer Bombe.
Die weiteren Apparaturteile sind:

1. Eine Waschflasche mit $KMnO_4$-Lösung.
2. Eine Waschflasche mit konzentrierter $H_2SO_4$.
3. Ein Porzellanrohr (von 500 mm Länge, 15 mm lichter Weite), das mit Holzkohlenstückchen von Erbsen- bis Haselnußgröße gefüllt ist und in einem kurzen Verbrennungsofen liegt.
4. Eine Waschflasche mit konzentrierter $H_2SO_4$.
5. Ein Rohr aus schwer schmelzbarem Glase von 15 bis 20 mm lichter Weite und 1 m Länge, das in seinem hinteren Teil in einem Winkel von ca. 30° umgebogen ist und in eine konzentrierte Lösung von Ätzkali eintaucht.

Der Zweck der einzelnen Apparaturteile ist folgender:

ad 1 und 2. Die beiden Waschflaschen dienen zum Reinigen und Trocknen des Chlorgases.

ad 3. Die auf hohe Temperatur gebrachte Holzkohle soll etwa im Chlorstrome mitgeführten freien Sauerstoff oder Kohlensäure unschädlich machen, indem beide durch die glühende Holzkohle in Kohlenoxyd umgewandelt werden.

ad 4. Die Waschflasche dient dazu, etwa aus dem Holzkohlenrohre mitgerissene Feuchtigkeit aufzunehmen.

ad 5. In diesem Glasrohre findet der eigentliche Aufschluß statt. Die vorgelegte Kalilauge dient zur Absorption des überschüssigen Chlors.

Man nimmt den Chloraufschluß in folgender Weise vor.

Zunächst ist die Holzkohle sorgfältig im Chlorstrome zu trocknen. Es geschieht dies am besten dadurch, daß man die Apparatur zwischen dem dritten und vierten Teil unterbricht, und das Ende des Holzkohlenrohres mit einem gut wirkenden Abzuge verbindet oder auch ins Freie ableitet. Dann läßt man einen kräftigen Chlorstrom aus der Bombe austreten und erhitzt währenddessen das Holzkohle enthaltende Rohr auf Rotglut. Solange noch Feuchtigkeit in der Holzkohle vorhanden ist, ist dies an den auftretenden weißen Nebeln dort zu erkennen, wo das Gas ins Freie austritt. Hat man die Überzeugung, daß die Holzkohle von Feuchtigkeit befreit ist, so kann man den eigentlichen Chloraufschluß beginnen.

Man hat während des Austrocknens der Holzkohle von dem aufzuschließenden Roheisen 1 g in ein Porzellanschiffchen eingewogen. Das Schiffchen, das mindestens 100 mm lang sein soll, damit die Substanz nur ganz niedrig geschichtet zu sein braucht, wird in das eigentliche Verbrennungsrohr so eingeschoben, daß es sich am Ende des ersten Drittels des Rohres befindet.

Man verbindet alsdann den Teil 3 der Apparatur wieder mit 4 und füllt die ganze Apparatur mit Chlorgas an. Sobald das geschehen, beginnt man mit dem Erhitzen der Substanz und zwar zündet man die Brenner des Ofens unter dem Schiffchen in der Reihenfolge von rechts nach links an, derart, daß der Teil der Substanz, der am weitesten von der Chlorbombe entfernt ist, zuerst aufgeschlossen wird. Der Anfang des Aufschlusses zeigt sich durch das Auftreten von braungelben Dämpfen, die aus Eisenchlorid bestehen, und an dem Aufleuchten der Substanz. Die flüchtigen Chloride kondensieren sich zum größten Teil im letzten Drittel des Aufschlußrohres. Um dies zu begünstigen, tut man gut, über dem letzten Drittel des Ofens die Kacheln fortzulassen, damit hier die Abkühlung eine intensivere ist und die Kondensierung besser vor sich gehen kann.

Sobald die Entwickelung der gelbbraunen Dämpfe aufhört und man auch kein Aufleuchten der Substanz im Schiffchen mehr wahrnehmen kann, ist der Aufschluß beendet.

Man läßt im Chlorstrom erkalten, unterbricht die Apparatur vor dem Aufschlußrohr und zieht das Porzellanschiffchen mit einem Draht, der an der Spitze zu einem Haken umgebogen ist, vorsichtig heraus. Der Inhalt des Schiffchens wird mit Wasser in ein kleines Becherglas gespült. Die Chloride, welche etwa im Schiffchen zurückgeblieben sind, werden dabei gelöst. Der zurückbleibende Kohlenstoff wird auf einem Asbestfilter abfiltriert und gut ausgewaschen.

Zur Herstellung eines Asbestfilters nimmt man kohlenstofffreien, langfaserigen Asbest, befeuchtet mit HCl und glüht ihn vorsichtshalber noch einmal gründlich aus. Man nimmt einen kleinen Glastrichter, gibt in denselben zu unterst etwas zusammengedrückte Glaswolle, dann darauf den weichen in kurze Fasern zerrissenen Asbest, feuchtet mit Wasser gut durch und drückt ihn noch zusammen, damit das Filtrat dann klar durchläuft.

Der auf diesem Asbestfilter abfiltrierte und gut ausgewaschene Kohlenstoff wird nach dem bereits oben beschriebenen Chromschwefelsäure-Verfahren zu Kohlensäure verbrannt.

Man spült zu diesem Zweck den Kohlenstoff samt dem Asbestfilter in den Corleis-Kolben, indem man den Trichter umgekehrt über den Hals des Kolbens hält und das Asbestfilter mit einem dünnen Glasstab herausstößt.

### 3. Besonderheiten bei Chromeisen.

Der Kohlenstoff im Ferrochrom und Chromstahl läßt sich erst nach vorhergegangenem Aufschluß im Chlorstrom bestimmen. Doch kommt noch eine weitere Schwierigkeit hinzu. Das beim Chloraufschluß sich bildende Chromchlorid ist weder flüchtig noch löslich. Man hat deshalb bei dem Einwägen des Chromeisens in das Porzellanschiffchen für den Chloraufschluß besonders darauf zu achten, daß die Substanz in nur ganz niedriger Schicht ausgebreitet liegt, weil sonst Teile der Substanz von den oberflächlich gebildeten Chromchloriden eingeschlossen werden und sich so dem weiteren Aufschluß entziehen.

Die zweite Schwierigkeit liegt, wie schon gesagt, in der Unlöslichkeit des gebildeten Chromchlorids. Im Gegensatz zum Chromchlorid ist aber Chromchlorür löslich, und merkwürdigerweise genügt es schon, das Chromchlorid teilweise in Chromchlorür überzuführen, um die ganze Menge des Chromsalzes in Lösung bringen zu können.

Die Reduktion des Chromchlorids zu Chromchlorür erfolgt am einfachsten durch Erhitzen im Wasserstoffstrom. Man bringt zu diesem Zweck das Schiffchen nach dem Chloraufschluß in ein Glasrohr und erhitzt dieses Rohr im Wasserstoffstrom. Den Wasserstoff entnimmt man einer Bombe. Der Bombenwasserstoff ist sehr häufig als Elektrolyt-Wasserstoff sauerstoffhaltig, und man muß deshalb den Wasserstoff von diesem Sauerstoff sorgfältig befreien, da durch diesen Sauerstoff die Analyse beeinflußt würde. Man reinigt den Wasserstoff vom Sauerstoff, indem man ihn durch eine glühende Platinkapillare oder über glühenden Platinasbest leitet.

Auch bei der Reduktion des Chromchlorids zu Chromchlorür ist der weitere Analysengang derselbe wie bei den übrigen Roheisensorten.

### 4. Verbrennung im Sauerstoffstrom [1]).

Daß man den Kohlenstoff des Eisens bei genügend hoher Temperatur im Sauerstoff direkt zu Kohlensäure verbrennen kann, war schon lange bekannt. Die Erreichung dieser notwendig hohen, dabei gleichmäßigen und genau kontrollierbaren Temperatur war aber erst durch Einführung der elektrischen Öfer und des Le Chatelierschen Thermoelementes möglich. Das Verfahren ist von G. Mars zu seiner jetzigen Vollkommenheit ausgebildet worden, so daß es heute in den Eisenhütten-Laboratorien als eingebürgert gelten kann. Mit Leichtigkeit ist es möglich, Kohlenstoffbestimmungen im Stahl in 30 Minuten gewichtsanalytisch auszuführen, wozu früher i ach der Chromsäuremethode gut drei Stunden notwendig waren.

Die Apparatur besteht aus folgenden Teilen:

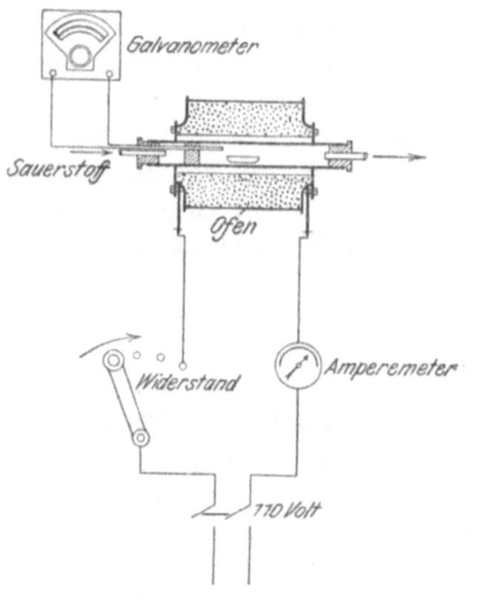


Fig. 8.

1. Eine Stahlflasche mit Sauerstoff, versehen mit einem Finimeter, das eine Regulierung des Gasstromes ermöglicht.
2. Apparate zur Reinigung und Trocknung des Sauerstoffes, nämlich eine Waschflasche mit KOH-Lauge, eine zweite mit konzentrierter $H_2SO_4$ und ein U-Rohr mit Glaswolle.
3. Ein Verbrennungsrohr aus Porzellan, das in einem elektrischen Heizofen (dem sogenannten Marsofen) liegt, (Fig. 8).

Dieses Verbrennungsrohr ist an den Enden mit zwei Gummistopfen geschlossen, in deren Durchbohrungen Zu- und Ableitungsröhrchen stecken. Die Gummistopfen sind gegen die strahlende Wärme mit Asbestscheiben geschützt. In

---

[1]) Siehe Prospekt der Firma W. C. Heraeus, Hanau, über Marsöfen.

die Mitte des Verbrennungsrohres ist das Porzellanschiffchen mit der eingewogenen Probe eingeschoben. Außerdem liegt in ihm ein elektrisches Pyrometer, ein Thermoelement aus Platin- und Platinrhodiumdraht. Die Drähte sind durch dünne Röhrchen aus Quarzglas voneinander isoliert. Um zu vermeiden, daß diese Quarzröhrchen mit der Wandung des Porzellanrohres in Berührung kommen, liegen sie in einem Führungsstopfen aus Speckstein.

Die Lötstelle des Pyrometers muß sich in möglichster Nähe des Schiffchens befinden, da man nur so die richtige Temperatur mißt. Die Enden des Thermoelementes gehen durch denselben Gummistopfen, der die Zuleitung für den Sauerstoff trägt, und sind mit einem Galvanometer verbunden, das uns direkt die an der Lötstelle des Thermoelementes vorhandene Temperatur anzeigt.

Der elektrische Ofen ist ein Widerstandsofen. Er besteht im wesentlichen aus einem Rohr aus feuerfestem Material, in dessen äußerer Wandung Platinfolie als Heizkörper eingebettet ist. Dieses Heizrohr ist mit einer dicken Asbestschicht zur Vermeidung von Wärmeverlusten nach außen umgeben.

Ein in den Stromkreis eingeschalteter Widerstand ermöglicht, den Ofen langsam anzuheizen und im übrigen seine Temperatur genau zu regeln.

4. Eine Waschflasche mit $KMnO_4$-Lösung, eine Waschflasche mit $H_2SO_4$, ein U-Rohr mit $P_2O_5$, beide zum Trocknen des Gases, zwei Natronkalkröhrchen, von welchen das zweite in der Ausgangshälfte mit $P_2O_5$ gefüllt ist, zur Absorption der $CO_2$, und endlich eine Waschflasche mit $H_2SO_4$ zum Schutze gegen die äußere Luft.

Die Kohlenstoffbestimmungen werden in folgender Weise durchgeführt.

Nachdem alle Teile der Apparatur miteinander verbunden sind, wird langsam Sauerstoff hindurchgeleitet, gleichzeitig wird mit dem vorsichtigen Erhitzen des Verbrennungsrohres begonnen, indem der Strom bei teilweise eingeschaltetem Widerstande geschlossen wird. Sobald man sicher ist, daß aus der ganzen Apparatur die Luft durch Sauerstoff verdrängt ist, werden die Natronkalkröhrchen abgenommen, ins Wägezimmer gebracht, und nachdem sie die Temperatur desselben angenommen haben, gewogen.

Während dieser Zeit hat man auf dem vorher ausgeglühten und erkalteten Verbrennungsschiffchen die Probe eingewogen. — Man nimmt von Stahl 3 g, von Roheisen 1 g; inzwischen schließt man den Ofen kurz, wodurch die Temperatur schnell auf 900⁰ steigt.

Sobald diese Temperatur erreicht ist, unterbricht man den Sauerstoffstrom, fügt die beiden Natronkalkröhrchen an der vorgeschriebenen Stelle ein, lüftet den Gummistopfen, der das Verbrennungsrohr nach der Seite der Absorptionsgefäße hin schließt, und setzt schnell das Schiffchen in das Rohr ein. Damit es stets an die richtige Stelle, d. h. in die Mitte des Ofens zu liegen kommt, bedient man sich zu seiner Einführung eines Messing- oder noch besser Quarzstabes mit Marke. Das Einsetzen des Schiffchens hat möglichst rasch zu erfolgen. Nachdem es eingeführt ist, stellt man schnell die Verbindung mit den Trocken- und Absorptionsgefäßen her.

Jetzt läßt man wieder den Sauerstoffstrom, den man vorher abgestellt hatte, durch den Apparat streichen. In den ersten Minuten geht die Verbrennung sehr rasch vonstatten, so daß in der letzten Waschflasche fast gar keine Blasen zu sehen sind. Man muß deshalb den Sauerstoffstrom verstärken, damit kein Zurücksteigen der Flüssigkeit in den letzten Waschflaschen stattfindet.

Die Temperatur des Ofens ist nach dem Kurzschließen mittlerweile in ungefähr 10 Minuten auf 1150⁰ gestiegen. Diese Temperatur muß zur vollständigen Verbrennung erreicht werden. Ein Überschreiten dieser Temperatur ist aber unter allen Umständen zu vermeiden, denn abgesehen davon, daß der Ofen darunter leidet (er ist auf eine Maximaltemperatur von nur 1200⁰ gebaut), kann ein zu hohes Erhitzen leicht falsche, und zwar zu niedrige Resultate verursachen, da das schmelzende und zusammensinternde Eisen unverbrannten Kohlenstoff einschließt und so der Oxydation entzieht.

Sobald das Galvanometer 1150⁰ anzeigt, schaltet man den Ofen aus, ohne dabei den Sauerstoffstrom zu unterbrechen. Die Temperatur beginnt zu sinken. — Ist sie auf 900⁰ gefallen, so nimmt man die Natronkalkröhrchen ab und das Schiffchen aus dem Verbrennungsrohr heraus. Eine zweite Verbrennung kann unmittelbar erfolgen. Um Zeitverluste zu vermeiden und möglichst billig zu arbeiten, hat man zweckmäßig einige Garnituren von Natronkalkröhrchen in Verwendung.

Körper wie Ferrochrom, Ferromangan, Ferrosilizium u. a. können nur mit Zuschlägen verbrannt werden. Man nimmt deshalb größere Schiffchen. Diese werden zweimal hintereinander mit $Bi_2O_3$ gefüllt, das dann jedesmal bei einer Temperatur von 900⁰ im Schiffchen eingeschmolzen wird. In diese zur Hälfte mit $Bi_2O_3$ gefüllte Schiffchen wägt man die Probe ein und verteilt sie gut. Das $Bi_2O_3$ dient als Sauerstoffüberträger. Die Verbrennung geschieht im übrigen in der gewöhnlichen Weise.

### 5. Kolorimetrisches Verfahren für Stahl.

Der C ist im Stahl als Karbidkohle und Härtungskohle vorhanden. Beide sind, vorausgesetzt, daß der Stahl normal erkaltet und nicht abgeschreckt worden ist, immer im gleichen Verhältnis enthalten und zwar sind 75 % als Karbidkohle und 25 % als Härtungskohle vorhanden. Die Karbidkohle hat die Eigenschaft, beim Auflösen des Stahls in verdünnter $HNO_3$ (1,2) die Lösung braun zu färben. Die Stärke dieser Färbung steht bei gleicher Einwage und gleichem Volumen in direktem Verhältnis zum Gehalte an Karbidkohle und mithin auch zum Gehalte an Gesamtkohlenstoff. Wägt man daher von 2 Stahlproben gleiche Mengen ein, löst sie in gleich viel $HNO_3$ (1,2) und bringt diese Lösungen durch entsprechendes Verdünnen mit Wasser auf den gleichen Farbenton, so verhalten sich die Kohlenstoffgehalte der beiden Stahlproben wie die Volumina. Ist der C-Gehalt der einen Probe, des sogenannten Normalstahls, bekannt, so kann der der fraglichen Probe dann leicht berechnet werden. Die Durchführung der Bestimmung geschieht in folgender Weise:

Das Auflösen und die Vergleichung bei diesen Bestimmungen findet in graduierten Reagenzrohren statt. Es kommen davon, entsprechend dem C-Gehalte des Stahls, 3 Größen in folgenden Maßen zur Anwendung.

1. Rohre von 10 ccm Inhalt, geteilt in 0,1 ccm. Beginn des ersten Teilstriches bei 4 ccm, lichte Weite 10 mm.
2. Rohre von 20 ccm Inhalt, geteilt in 0,1 ccm. Beginn des ersten Teilstriches bei 10 ccm, lichte Weite 11 bis 12 mm.
3. Rohre von 30 ccm Inhalt, geteilt in 0,1 ccm. Beginn des ersten Teilstriches bei 10 ccm, lichte Weite 13 mm.

Es ist vor allem darauf zu achten, daß die Röhrchen derselben Größenordnung genau dieselbe lichte Weite haben.

Wir machen ausdrücklichst darauf aufmerksam, daß es sehr zweckmäßig ist, die Graduierung im unteren Teil der Vergleichsrohre, auch Kohlenstoffröhrchen genannt, fortfallen zu lassen, denn die unteren Teilstriche sind nicht nur zwecklos, da man niemals bei zu starken Konzentrationen vergleichen darf, sondern sie beeinträchtigen sogar die genaue Beurteilung. Abgesehen davon, daß die eingeätzten Teilstriche die Vergleichung an sich erschweren, wirken dieselben störend, sobald sie durch Verunreinigungen, die sich darin festsetzen, dunkel gefärbt sind.

Man wägt von dem Normalstahl und von der zu untersuchenden Probe je 0,1 g in eines dieser Kohlenstoffröhrchen ein und löst bei einem C-Gehalte bis 0,3 % in 2 ccm, bis 0,5 % in 3 ccm, und darüber in 5 ccm chlorfreier $HNO_3$ (1,2). Sobald die Reaktion aufgehört hat, erhitzt man im Wasserbade 1—2 Stunden lang auf 80—90°, bis die Lösung vollkommen klar ist. Dann kühlt man die Röhrchen durch Eintauchen in kaltes Wasser ab. Zwecks Vergleichs nimmt man einen Bogen weißes Kanzleipapier, faltet ihn auseinander und legt ihn so auf einen Tisch, der vor einem Fenster steht, daß die eine Hälfte des Bogens auf dem Tisch liegt, die andere den Hintergrund für ein Becherglas von annähernd 100 mm Durchmesser und 160 mm Höhe bildet, welches man auf die untere Hälfte des Bogens gestellt hat. Nun setzt man die Röhrchen mit dem gelösten Stahl so in das Becherglas daß die dunklen Flüssigkeiten in den Röhrchen am Boden des Becherglases Schatten werfen, die gegen den Beschauer, welcher vor dem Tisch sitzt, gerichtet sind. Man ersieht sofort, daß an dem Schatten viel leichter bemerkbar ist, welche von den Flüssigkeiten heller bzw. dunkler gefärbt ist, als an der Flüssigkeit selbst [1]). Durch vorsichtiges Verdünnen mit kaltem $H_2O$ und Durchschütteln bringt man die Flüssigkeiten in beiden Röhrchen auf dieselbe Farbenstärke.

Sobald die Farbe in den beiden Röhrchen auf dieselbe Stärke gebracht worden ist, liest man die Flüssigkeitsmengen ab. Die C-Gehalte verhalten sich wie die Anzahl der Kubikzentimeter zueinander. Hat man z. B. beim Normalstahl von 0,075 % C

---

[1]) Auf diese Weise wird vor allem erreicht, daß stets eine Vergleichung in diffusem Licht stattfindet. Hat man Bestimmungen bei künstlichem Licht auszuführen, so ist natürlich die Lichtquelle so anzuordnen, daß sie sich hinter dem Papierschirm befindet.

5,5 ccm abgelesen, bei dem zu untersuchenden Stahl 6,5 ccm, so besteht die Gleichung 5,5 : 6,5 = 0,075 : x.

$$x = 0,089 \% \text{ C.}$$

Mehrfach wird beim Vergleich der Stärke der Braunfärbung auch ein Gestell verwendet mit einem horizontalen Brettchen zum Einstecken der Röhrchen und einer Milchglasscheibe im Hintergrund. Auch hier ist der leitende Gedanke, in diffusem Licht zu arbeiten.

### b) Einzelne Kohlenstoffformen.

#### 1. Graphitkohle.

Die Graphitkohle hinterbleibt beim Behandeln von Eisen mit heißen, verdünnten Säuren.

Man versetzt je nach dem Kohlenstoffgehalte 1—3 g der Probe mit $HNO_3$ (1,2) und einigen Tropfen HF. Die erste heftige Reaktion mildert man, indem man das Becherglas, in welchem die Auflösung vorgenommen wird, abkühlt. Später erwärmt man längere Zeit auf dem Wasserbade und filtriert den Rückstand, der (neben Kieselsäure) aus der zurückgebliebenen Graphitkohle besteht, auf einem Asbestfilter ab, das in derselben Weise hergestellt worden ist, wie wir beim Chloraufschluß beschrieben haben.

Die Verbrennung des Kohlenstoffes zu Kohlensäure erfolgt nach einer der bekannten Methoden.

#### 2. Karbidkohle.

Während beim Behandeln des Eisens mit heißer Säure nur der Graphit zurückbleibt, bleibt bei der Behandlung mit stark verdünnter kalter Schwefelsäure oder Salzsäure neben dem Graphit auch noch die Karbidkohle zurück. Der Rückstand, bestehend also aus Graphit und Karbidkohle, wird in bekannter Weise verbrannt. Hat man dann in einer anderen Einwage die Graphitkohle bestimmt, so läßt sich aus der Differenz der Gehalt an Karbidkohle berechnen.

#### 3. Härtungskohle.

Durch Behandeln des Eisens mit kalter, verdünnter HCl oder $H_2SO_4$ gelingt es, die Härtungskohle von den oben genannten

Kohlenstoffarter des Eisens zu trennen. Die Härtungskohle entweicht nämlich dabei in Form von Kohlenwasserstoffen. Da aber diese Methode der direkten Bestimmung umständlich und ungenau ist, so zieht man es vor, durch Differenzrechnung aus dem Gesamtkohlenstoff einerseits und dem Graphit und Karbidkohlenstoff andrerseits die Härtungskohle zu bestimmen.

## B. Silizium.

### 1. Im Roheisen und Stahl.

Man löst 2—5 g in einem 250—500 ccm fassenden Becherglase in 30—80 ccm $HNO_3$ (1,2) unter Zugabe von 5—10 ccm HCl (1,19), setzt 25—30 ccm verd. $H_2SO_4$ (1 : 1) zu und dampft bis zum starken Abrauchen der $H_2SO_4$ ein. Nach dem Abkühlen löst man durch vorsichtigen Zusatz von kaltem Wasser, kocht längere Zeit, filtriert, wäscht mit heißem, HCl-haltigem Wasser, zum Schluß mit heißem Wasser allein und glüht die $SiO_2$ in einem Platintiegel aus. Enthält das Roheisen Graphit in größerer Menge, so dauert das Ausglühen längere Zeit. Ist die $SiO_2$ nicht rein weiß, so muß sie mit HF abgeraucht und der verbleibende Rückstand nach dem Ausglühen in Abzug gebracht werden.

$SiO_2$ enthält 47,02 % Si.

### 2. Im Ferrosilizium.

Das Lösen des Ferrosiliziums in Säuren, so in Königswasser und Bromsalzsäure, ist schon bei einem Siliziumgehalt von 10 % schwierig, versagt aber vollständig, wenn wir es mit hochprozentigem Ferrosilizium (70 % Si und darüber) zu tun haben. In allen Fällen bringt uns ein Aufschließen mit Alkalien am sichersten zum Ziele. Gleich gut gelingt der Aufschluß mit $NaKCO_3$ wie mit NaOH, zu welchem letzteren man, um die stürmische Reaktion zu mildern, etwas $NaKCO_3$ zusetzt. ·

Beim Aufschlusse mit $NaKCO_3$ nimmt man bei niederprozentigem Ferrosilizium 1 g, bei hochprozentigem 0,5 g Einwage und immer die zehnfache Menge des Aufschlußmittels. Unerläßlich ist ein gutes Mischen; bleibt Ferrosilizium am Boden des Tiegels liegen, so legiert es sich beim stärkeren Erhitzen mit dem Platin, und der Tiegel wird durchgefressen. Bei vollständiger Mischung ist das nicht zu befürchten. Zur Vorsicht kann man in den Platintiegel unten zuerst eine Schicht von $NaKCO_3$ einschmelzen. Der Aufschluß muß in einem Platintiegel erfolgen, da eine höhere Temperatur notwendig ist.

Für den Aufschluß mit NaOH reicht ein Nickeltiegel vollständig aus. Die Einwage ist, wie oben, 1 g bei niederprozentigem, 0,5 g bei hochprozentigem Ferrosilizium. Von NaOH wird die 10fache und von $NaKCO_3$ die 5—6fache Menge der Einwage genommen. Zuerst bringt man in den Tiegel das NaOH, erhitzt bis zum Schmelzen, schüttet darauf das $NaKCO_3$ und erhitzt, bis auch dieses geschmolzen ist. Dann läßt man die Masse erstarren und schüttet das Probepulver gleichmäßig verteilt darauf. Man erhitzt langsam, bis der Aufschluß nach annähernd 15 Minuten vollendet ist und mischt mehrere Male durch vorsichtiges Umschwenken des Tiegels.

Die auf die eine oder andere Art erhaltene Schmelze wird in einer Porzellanschale mit Wasser in Lösung gebracht, dann mit HCl angesäuert, zur Trockene abgedampft, mehrere Stunden auf 150° C erhitzt, nach dem Erkalten mit HCl (1,19) durchgefeuchtet und in HCl gelöst. Die ausgeschiedene $SiO_2$ wird abfiltriert und mit heißem, HCl-haltigem Wasser gewaschen. In der gleichen Weise muß noch zweimal mit dem Filtrat verfahren werden. Die beim zweiten und dritten Abdampfen erhaltene $SiO_2$ wird auf ein gemeinsames Filter gebracht.

Die beiden Filter mit $SiO_2$ werden in einem Platintiegel verascht und stark geglüht. Nach dem Auswägen raucht man die $SiO_2$ mit HF ab. Der dann nach dem Ausglühen verbliebene Rest wird in Abzug gebracht.

Für genaue Analysen ist dieses dreimalige Abdampfen unerläßlich[1]).

----

[1]) Versuche ergaben z. B. folgende Resultate:
Abgeschiedene $SiO_2$ nach dem Abdampfen umgerechnet auf Si.

|  | 1. Abscheidung | 2. Abscheidung | 3. Abscheidung | Gesamt-Si |
|---|---|---|---|---|
| Probe 1 . . . . { | 79,22 % | 1,00 % | 0,31 % | 80,53 % |
|  | 79,12 % | 1,28 % | 0,29 % | 80,69 % |
| Probe 2 . . . . { | 76,27 % | 1,00 % | 0,15 % | 77,42 % |
|  | 76,55 % | 0,98 % | 0,19 % | 77,66 % |

Zuweilen kommt es vor, daß Ferrosilizium bemerkenswerte Mengen $SiO_2$ enthält, die bei ganz richtigen Bestimmungen des Si-Gehaltes in Abzug gebracht werden müssen. Zur Bestimmung dieser $SiO_2$ werden 1—2 g im Cl-Strome geglüht, wobei Si als $SiCl_4$ sich verflüchtigt, die $SiO_2$ aber zurückbleibt. Das Glühen geschieht am besten auf einem Porzellanschiffchen in einem möglichst weiten Glasrohr. Der Glührückstand wird in HCl (1,19) bei späterem Zusatz von einigen Tropfen $HNO_3$ (1,2) gelöst, zur Trockene abgedampft, mit HCl aufgenommen, mit heißem $H_2O$ verdünnt und filtriert. Die geglühte und ausgewogene $SiO_2$ wird von der Gesamt-$SiO_2$, welche bei der Bestimmung des Si erhalten worden ist, in Abzug gebracht.

## C. Mangan.

### 1. Im Roheisen.

#### a) Nach Volhard und Volhard - Wolff [1]).

Die Manganbestimmung in Roheisen nach Volhard und Volhard - Wolff unterscheidet sich von der Manganbestimmung in Erzen wenig, eigentlich nur durch die Verschiedenheit der einzuwägenden Substanzmenge und der Art des Lösungsmittels.

Nach Volhard. Man löst 5 g in einem Erlenmeyerkolben von annähernd 500 ccm in 50 ccm $HNO_3$ (1,20) auf, setzt dann 10 ccm HCl (1,19) zu, kocht bis sich nichts mehr löst und der größte Teil der überschüssigen Säure abgedampft ist, spült in einen Meßkolben von 1 L. Inhalt, fällt mit aufgeschlämmtem ZnO das Fe heraus, füllt bis zur Marke auf, schüttelt gut durch, filtriert durch ein trockenes Faltenfilter in ein trockenes Becherglas, nimmt 200 ccm == 1 g in einen Erlenmeyerkolben von 1 Liter Inhalt ab, verdünnt auf annähernd 500 ccm, erhitzt bis zum Kochen und titriert wie bei der Mn-Bestimmung in Erzen.

Nach Volhard - Wolff. 1 g wird aufgelöst in annähernd 20 ccm $HNO_3$ (1,20), dann mehrere Tropfen HCl (1,19) zugesetzt und gekocht zum Vertreiben der überschüssigen Säure. Diese

---

[1]) Wir verweisen an dieser Stelle noch einmal ausdrücklichst auf die Qualitätsbedingungen der bei dieser Methode zur Verwendung kommenden Faltenfilter und des Zinkoxyds, welche bei den Manganbestimmungen in Erzen genau beschrieben sind. Siehe S. 24.

Lösung spült man in einen Erlenmeyerkolben von 1 Liter Inhalt, fällt genau mit aufgeschlämmten ZnO bei Vermeidung eines Überschusses. Die Flüssigkeit über dem Niederschlage muß klar sein. Dann erhitzt man, ohne den Niederschlag abzufiltrieren, zum Kochen und titriert bis die Flüssigkeit nach dem Absitzen des Niederschlages über demselben schwach rosa gefärbt ist.

### b) Nach Procter Smith.

Dieses Verfahren gründet sich auf der Tatsache, daß Manganosalz in salpetersaurer Lösung bei Gegenwart von Silbernitrat durch Ammonpersulfat zu Permanganat oxydiert wird, und ferner, daß dieses durch arsenige Säure dann wieder zu Manganosalz reduziert werden kann. Dieser letztere Vorgang verläuft als Ionenreaktion betrachtet nach der Gleichung:

$$2\,\overset{\cdots\cdots\cdots}{\mathrm{Mn}} + 5\,\overset{\cdots}{\mathrm{As}} = 2\,\overset{\cdot\cdot}{\mathrm{Mn}} + 5\,\overset{\cdots\cdots}{\mathrm{As}}$$

Das Verfahren selbst ist folgendes:

1 g wird in 60 ccm $HNO_3$ (1,2) in einem Meßkolben von 500 ccm aufgelöst, die Flüssigkeit wird abgekühlt, bis zur Marke aufgefüllt, gut durchgeschüttelt und durch ein trockenes Faltenfilter in ein trockenes Becherglas filtriert. Vom Filtrat nimmt man 50 ccm = 0,1 g in einen Erlenmeyerkolben von 600 ccm Inhalt ab, setzt 10 ccm $AgNO_3$-Lösung zu (Lösung 7, S. 166), verdünnt mit heißem Wasser auf 300 ccm, kocht auf, fügt 2—3 g Ammonpersulfat $[(NH_4)_2S_2O_8]$ zu, kühlt ab und titriert rasch unter stetem Umschwenken mit der Titerlösung $As_2O_3$ (Titerlösung 2, S. 169) bis zum Eintritte der grünen Farbe.

### 2. Im Ferromangan und Spiegeleisen.

#### a) Nach Volhard.

Von Ferromangan wägt man 1 g, von Spiegeleisen 2,5 g ab, löst in 50—70 ccm $HNO_3$ (1,20), setzt 10—20 ccm HCl (1,19) zu, erhitzt mäßig, bis das Ungelöste rein weiß ist, und engt ein. Die Lösung spült man mit $H_2O$ in einen Meßkolben von 1 Liter Inhalt, fällt mit aufgeschlämmtem ZnO, füllt zur Marke auf, schüttelt gut durch, nimmt beim Ferromangan 100 ccm = 0,1 g und beim Spiegeleisen 200 ccm = 0,5 g der abfiltrierten Flüssigkeit und titriert genau so wie bei den Erzen.

### b) Nach Volhard - Wolff.

Man löst von Ferromangan 1 g in 20 ccm HCl (1,12), von
Spiegeleisen 2,5 g in 40 ccm HCl auf, oxydiert mit 0,5—1,5 g
$KClO_3$ vollständig und kocht bis zum Verschwinden des Cl-
Geruches. Dann bringt man die Lösung auf 1000 ccm, schüttelt
gut durch und nimmt bei Ferromangan 100 ccm = 0,1 g, bei
Spiegeleisen 200 ccm = 0,5 g in einen Erlenmeyerkolben von
1 Liter ab, fällt mit aufgeschlämmtem ZnO in möglichst geringem
Überschusse. Bei Vorhandensein von wenig Fe setzt sich der
Eisenniederschlag schlecht ab, was die richtige Durchführung
der Methode erschwert. Dann erhitzt man zum Kochen und
titriert wie bei den Erzen.

### 3. Im Stahl.

#### a) Nach Volhard und Volhard - Wolff.

Die Durchführung geschieht genau wie beim Roheisen.

Es werden bei der Volhardschen Methode auch 5 g eingewogen. Dagegen nimmt man zum Titrieren 2 g (400 ccm der
vom Fe abfiltrierten Flüssigkeit) ab.

Bei der Volhard - Wolffschen Methode wird bei geringerem
Mn-Gehalt die Einwage auf 2 g erhöht.

#### b) Nach Procter Smith.

Man löst 0,1 g Späne in einem Philipps-Kölbchen in 10 ccm
$HNO_3$ (1,2) auf, läßt ziemlich weit eindampfen und fügt 10 ccm
Silbernitratlösung (Lösung Nr. 7, S. 166) als Katalysator und
annähernd 1 g Ammoniumpersulfat hinzu. Sobald die Oxydation
nach einigen Minuten beendet ist, d. h. wenn die Lösung sich
violett gefärbt hat, verdünnt man auf ungefähr 90 ccm, läßt
abkühlen und titriert möglichst rasch unter stetem Umschwenken
mit $As_2O_3$, deren Titer unter Anwendung eines Normalstahls
von bekanntem Mn-Gehalt festgestellt worden ist (Titerlösung
Nr. 2, S. 169).

## D. Phosphor

### 1. Im Roheisen.

Diese P-Bestimmung gleicht in der Grundidee der in den
Erzen. Um den Phosphor durch molybdänsaures Ammon fällbar

zu machen, muß er zu Orthophosphorsäure ($H_3PO_4$) oxydiert werden. Dieses geschieht entweder durch Auflösen des Roheisens in $HNO_3$ (1,2), nachheriges Abdampfen und starkes Rösten, oder aber durch Behandeln der salpetersauren Lösung mit Permanganat.

Je nach dem zu erwartenden Phosphorgehalte werden 2 bis 5 g in einem Porzellanbecher in $HNO_3$ (1,2) gelöst, die Lösung durch Zusatz von 5 ccm HCl (1,19) vervollständigt, alsbald wird zur Trockene abgedampft und bei schwacher Rotglut 1 Stunde geröstet, nachher abgekühlt und der Abdampfrückstand durch HCl (1,19) wieder in Lösung gebracht. Die erhaltene Lösung spült man in einen Meßkolben von 250 ccm, füllt bis zur Marke auf, schüttelt gut durch und filtriert durch ein trockenes Faltenfilter, nimmt 50 ccm vom Filtrat, macht schwach ammoniakalisch, löst wieder in $HNO_3$ (1,4) gerade auf und fällt wie bei den Erzen den Phosphor mit molybdänsaurem Ammon.

Zur P-Bestimmung kann auch das Filtrat von der Si-Bestimmung verwendet werden. Man nimmt davon einen aliquoten Teil, erhitzt ihn zum Sieden, oxydiert mit 4 ccm Chamäleonlösung (Lösung Nr. 5, S. 166), kocht, löst das ausgeschiedene $MnO_2$ in 4 ccm HCl, kühlt ab, macht schwach ammoniakalisch, löst gerade wieder in $HNO_3$ (1,4) und fällt mit molybdänsaurem Ammon.

In beiden Fällen wird der Phosphor gewichtsanalytisch bestimmt.

Der ausgewaschene Niederschlag von Phosphor-Ammonium-Molybdat wird entweder bei $100^0$ C getrocknet, — er enthält in diesem Fall 1,64 % P, — oder aber schwach geglüht; sein P-Gehalt beträgt dann 1,72 %.

Die Bestimmung durch Titration, wie sie bei Stahlproben angewendet wird, ergibt nur bei ganz niedrigen P-Gehalten zuverlässige Werte.

## 2. Im Ferrophosphor.

Man behandelt zur Phosphorbestimmung im Ferrophosphor 1 g der Substanz ungefähr acht bis zehn Stunden mit Königswasser. Der größere Teil geht dabei in Lösung. Das Ungelöste wird abfiltriert und mit $NaKCO_3$ aufgeschlossen. Die Schmelze wird in heißem Wasser gelöst, mit Salzsäure angesäuert und die ausgeschiedene $SiO_2$ abfiltriert.

Die vereinigten Filtrate spült man in einen Literkolben, füllt bis zur Marke auf und pipettiert 100 ccm = 0,1 g Einwage ab. Zur Abscheidung etwa in Lösung gegangener Kieselsäure dampft man zur Trockene ein, feuchtet den Rückstand mit wenigen Tropfen konzentrierter HCl an, erwärmt, verdünnt mit $H_2O$, filtriert, setzt zur Oxydation 20 ccm Permanganatlösung (Lösung 5, S. 166) hinzu, läßt einige Zeit in der Wärme stehen und zerstört die überschüssige Manganlösung mit 5—10 ccm konzentrierter HCl, und bestimmt die Phosphorsäure in bekannter Weise.

### 3. Im Ferrosilizium.

2 g werden in einer geräumigen Platinschale, mit 50 ccm $HNO_3$ (1,20) übergossen, unter tropfenweisem Zusatze von HF, bis vollständige Lösung erfolgt oder nur ausgeschiedener Kohlenstoff zurückbleibt. Dann setzt man 8 ccm $H_2SO_4$ (1 : 1) zu, dampft ab, bis der größte Teil der $H_2SO_4$ abgeraucht ist, löst in $H_2O$, spült in ein Becherglas, filtriert, wenn nötig, oxydiert mit 4 ccm Permanganatlösung (Lösung Nr. 5, S. 166), kocht, löst das ausgeschiedene $MnO_2$ in 3—4 ccm HCl und behandelt weiter wie beim Roheisen.

### 4. Im Stahl.

Wie im Roheisen, muß auch hier der Phosphor vor seiner Fällung mit molybdänsaurem Ammon zu Orthophosphorsäure oxydiert werden. Dasselbe kann gleichfalls in der salpetersauren Lösung durch Abdampfen und Rösten oder durch Oxydation mit $KMnO_4$ geschehen.

Die gravimetrische Bestimmung des Phosphor-Ammonium-Molybdats ist hier nur bei hochlegierten Phosphorstählen notwendig. In allen anderen Fällen ist der titrimetrischen Bestimmung der Vorzug zu geben. Sie hat neben der großen Genauigkeit den Vorteil der Kürze, besonders deshalb, weil es sich bei ihr erübrigt, etwa vorhandenes Si zu berücksichtigen und zur Abscheidung zu bringen. Deshalb kann die Oxydation des Phosphors immer mit Permanganat erfolgen.

Man löst das Phosphor-Ammonium-Molybdat in einem Überschusse von Normalnatronlauge und titriert diesen Überschuß mit Normal-Schwefelsäure. Es empfiehlt sich stets eine ¼ Normal-Schwefelsäure und eine ¼ Normalnatronlauge zu nehmen. Als

Indikator kommt Phenolphthalein zur Anwendung. Nach empirischen Versuchen ist eine Einwage des Stahls von 2,81 g erforderlich, damit 1 ccm der verbrauchten NaOH-Lauge gerade 0,01 % Phosphor entspricht. Somit ist eine große Genauigkeit möglich.

2,81 g Stahl werden in 25—30 ccm $HNO_3$ (1,2) gelöst, mit 3 ccm Chamäleonlösung (Lösung Nr. 5, S. 166) oxydiert, gekocht, das ausgeschiedene $MnO_2$ in 2—3 ccm HCl (1,19) gelöst. Die Lösung wird mit etwas Wasser verdünnt, schwach ammoniakalisch gemacht und der ausgeschiedene Niederschlag gerade in $HNO_3$ (1,4) gelöst. Nun fällt man in der nicht über $60^0$ heißen Flüssigkeit den Phosphor mit molybdänsaurem Ammon (Lösung Nr. 4, S. 166), mischt gut durch und läßt bei $40—50^0$ absitzen. Nachdem der Niederschlag sich gut abgesetzt hat, filtriert man ihn, wäscht zuerst mit schwach salpetersaurem Wasser, dann mit $KNO_3$- oder $K_2SO_4$-haltigem Wasser bis zur neutralen Reaktion aus. Man gibt das Filter mit Niederschlag in dasselbe Becherglas zurück, in dem die Fällung erfolgt ist, das man aber vorher mit $H_2O$ ausgespült hat. Nun löst man mit ¼ Normal-NaOH (Titerlösung 10, S. 174) im Überschusse, fügt einige Tropfen einer Phenolphthaleinlösung dazu bis zur ganz deutlichen Rotfärbung und titriert mit der ¼ Normal-$H_2SO_4$ (Titerlösung 9, S. 173) auf farblos zurück. 1 ccm der verbrauchten NaOH-Lösung entspricht 0,01 % P. Es ist möglich, diese P-Bestimmung in 35 Minuten, vom Einwägen an gerechnet, fertig zu stellen. — Hat man eine große Anzahl von Bestimmungen nebeneinander auszuführen, die nicht allzu eilig sind, so kann man sich durch Anwendung nachstehender kleiner Abänderung der Methode etwas Arbeit ersparen. — Nachdem das ausgeschiedene $MnO_2$ in HCl gelöst worden ist, dampft man bis zur Bildung eines kleinen Häutchens auf der Oberfläche ein. Nach dem Abkühlen setzt man 5 ccm einer konz. Lösung von $NH_4NO_3$ zu, fällt mit molybdänsaurem Ammon und verfährt wie oben.

Wie früher gesagt, kann der Phosphor auch getrocknet oder schwach geglüht werden. In diesen Fällen muß vorhandenes Si als $SiO_2$ abgeschieden und entfernt werden, wie es auch beim Roheisen geschieht. Ebenso zu beachten ist, daß etwa ungelöster Glühspan nicht mit aufs Filter kommt.

Es gibt auch eine volumetrische Bestimmung des P-Niederschlages. Hier sind dieselben Vorsichtsmaßregeln zu beachten.

Alle früheren Operationen sind die gleichen, bis zum Filtrieren. Statt zu filtrieren, spült man den Niederschlag in ein birnenartiges Glasgefäß. Dasselbe hat oben einen kurzen Hals, der durch einen Kautschukstopfen verschließbar ist. Der untere verengte Teil des Gefäßes endigt in ein kubiziertes, unten geschlossenes Glasröhrchen. Die Teilstriche sind bei einer bestimmten Einwage empirisch hergestellt. Durch Schleudern wird der Niederschlag in das graduierte Röhrchen getrieben [1]).

# E. Schwefel.

## 1. Im Roheisen und Stahl.

Die Schwefelbestimmung wird jetzt fast nur gravimetrisch oder titrimetrisch durchgeführt. Die kolorimetrischen Methoden wurden verlassen, da die titrimetrische mit großer Schnelligkeit in der Durchführung eine bedeutende Genauigkeit verbindet und wegen der großen Einwage, die genommen werden kann, gute Durchschnittswerte liefert, was von den kolorimetrischen Methoden nicht gut behauptet werden kann.

In allen Fällen wird der S durch Auflösen der Probe mit HCl in $H_2S$ umgewandelt und nur die Art der Bestimmung des S darin ist verschieden. Es finden 5 Methoden Anwendung.

    a) Jodometrische Methode.
    b) Jodometrische Methode nach Kinder.
    c) Methode nach Schulte.
    d) Bariumsulfatmethode.
    e) Permanganatmethode nach Vita und Massenez.

### a) Jodometrische Methode.

Zweckmäßig werden (mit Rücksicht auf eine spätere kolorimetrische Cu-Bestimmung, zu welcher dieselbe Probe benutzt wird) 8 g in einen Kochkolben von 500 ccm Inhalt eingewogen. Dieser wird durch einen Kautschukstopfer mit 2 Bohrungen verschlossen. Durch eine derselben geht ein mit einem Hahn

---

[1]) **Karl Bormann** hat diese Methode so ausgearbeitet, daß sie exakte Resultate liefert, was vorher nicht der Fall war. Da diese Methode wohl selten mehr angewendet wird, wurde von einer genauen Beschreibung Abstand genommen. Siehe Zeitschrift f. angew. Chemie 1889, S. 638.

versehener Scheidetrichter, der bis nahe an den Boden des Kolbens reicht, durch die andere ein Rohr, das mit einem Rückflußkühler verbunden ist. Aus dem Kühler werden die entwickelten Gase in ein hohes Becherglas (170 mm hoch, 70 mm Durchm.) eingeleitet, in das man vorher 60 ccm ammoniakalische Kadmium-Zink-Azetat-Lösung (Lösung 6a, S. 166) und 100 ccm $H_2O$ gegeben hat. Das Einleitungsrohr muß eine enge Spitze haben, damit möglichst kleine Bläschen durch die Flüssigkeit streichen. Zur Lösung läßt man durch den Scheidetrichter 100 ccm HCl (1,19) in den Kolben einfließen. Der Zusatz der HCl hat anfangs tropfenweise zu erfolgen, damit die Gasentwicklung eine möglichst langsame ist. Sobald die HCl vollständig in den Kolben abgelaufen ist und die Gasentwickelung nachgelassen hat, erwärmt man schwach mit einer kleinen Flamme, später bis zum Kochen. Wenn die Probe fast gelöst ist, öffnet man, um ein Zurücksteigen zu vermeiden, den Hahn vom Scheidetrichter und kocht noch einige Zeit. Dann nimmt man das Einleitungsrohr ab, spült die anhaftende Flüssigkeit mit etwas destilliertem Wasser in das Becherglas. Dieses erhitzt man und kocht bis das $NH_3$ sich fast vollständig verflüchtigt hat, kühlt ab, macht mit HCl schwach sauer und titriert in folgender Weise.

Man hat für die jodometrische Titration zwei Flüssigkeiten, die Jodlösung (Titerlösung 5, S. 171) und die Thiosulfatlösung (Titerlösung 4, S. 170), deren gegenseitigen Wirkungswert man kennt. Wegen der leichten Veränderlichkeit der Jodlösung nimmt man als Basis eine $^1/_{10}$ Normal-Thiosulfatlösung, von der 1 ccm = 0,01604 g S entspricht.

Der einfachen Berechnung wegen empfiehlt es sich für Betriebsanalysen die Konzentration der Thiosulfatlösung so zu wählen, daß 1 ccm = 0,001 g S anzeigt.

Man versetzt die abgekühlte Flüssigkeit mit einem Überschusse von Jodlösung und schüttelt gut durch, bis der Niederschlag verschwunden ist. Nach Zusatz von 5 ccm Stärkelösung titriert man mit der Thiosulfatlösung in schwachem Überschusse, versetzt dann mit der Jodlösung bis deutlich blau und titriert mit der Thiosulfatlösung genau auf farblos.

Aus der verbrauchten Anzahl Kubikzentimeter Thiosulfatlösung und Jodlösung berechnet man den S-Gehalt.

### b) Jodometrische Methode nach Kinder [1]).

Da die Jodlösung, wie sie zur gewöhnlichen jodometrischen Bestimmung des Schwefels benutzt wird, ihren Titer stetig ändert, ist eine regelmäßige Nachprüfung ihres Wirkungswertes notwendig. Diese Nachprüfung ist natürlich zeitraubend und kann zu Fehlern Veranlassung geben. Es ist deshalb besser, sich für jeden einzelnen Versuch eine neue Jodlösung herzustellen und zwar durch Einwirkung von Kaliumpermanganat von bekanntem Gehalt auf Jodkali in saurer Lösung.

Diese Einwirkung erfolgt nach der Gleichung:

$$2\,KMnO_4 + 10\,KJ + 8\,H_2SO_4 = 10\,J + 2\,MnSO_4 + 6\,K_2SO_4 + 8\,H_2O.$$

Als Permanganatlösung dient eine Lösung, die derart verdünnt ist, daß 1 ccm 0,001 g Schwefel entspricht (Titerlösung 7, S. 172).

Die Ausführung der Methode ist folgende. 8 g Roheisen oder Stahlspäne werden in bekannter Weise mit konzentrierter Salzsäure zersetzt und der gebildete Schwefelwasserstoff wird in einer Vorlage, die mit 50 ccm einer ammoniakalischen Kadmiumsulfatlösung (Lösung 6 b, S. 166) gefüllt ist, absorbiert. Das ausgefällte, abfiltrierte und gut ausgewaschene CdS gibt man samt Filter in einen Erlenmeyer, der mit 20 ccm KJ-Lösung und einer hinreichenden, genau abgemessenen Menge von $KMnO_4$-Lösung beschickt ist. Das CdS wird von dem ausgeschiedenen Jod zersetzt und das überschüssige Jod wird dann mit Thiosulfat unter Zugabe von Stärkelösung mit einer Natriumthiosulfatlösung (Titerlösung Nr. 7, S. 172), die ebenfalls so eingestellt ist, daß 1 ccm 0,001 g entspricht, zurücktitriert. Die Differenz zwischen der verbrauchten Anzahl Kubikzentimeter Permanganatlösung und Thiosulfatlösung gibt den Schwefelgehalt direkt in Milligramm an. Der Prozentgehalt ergibt sich daraus bei einer Einwage von 8 g durch Division mit 80.

### c) Methode nach Schulte.

Das Auflösen erfolgt hier so wie bei der jodometrischen Methode. Der gebildete $H_2S$ wird aber in eine Kadmiumazetat-

---

[1]) Vgl. Bericht Nr. 4, 1911, der Chemiker-Kommission des Vereins Deutscher Eisenhüttenleute.

lösung (siehe Lösung Nr. 6 c, S. 166) geleitet. Nachdem aller S als CdS ausgefällt worden ist, gibt man in das Becherglas, worin die Fällung erfolgt ist, überschüssiges $CuSO_4$. Folgende Umsetzung findet statt:

$$CdS + CuSO_4 = CuS + CdSO_4.$$

Das ausgeschiedene schwarze CuS wird abfiltriert, möglichst schnell mit heißem $H_2O$ gewaschen und durch Ausglühen in CuO übergeführt. 1 Gewichtsteil CuO entspricht 0,4028 Gewichtsteilen S [1].

### d) Bariumsulfatmethode.

Das Auflösen wird auch hier genau so durchgeführt wie bei der jodometrischen Methode. Man leitet aber den $H_2S$ in stark ammoniakalisches, schwefelfreies $H_2O_2$ ein [2]. Man nimmt dazu 100 ccm $H_2O_2$ und 60 ccm Ammoniak. Sobald das Lösen der Probe beendet ist, kocht man die Flüssigkeit der Vorlage zur Zerstörung des $H_2O_2$, versetzt mit Chamäleon, kocht wieder auf und fällt mit $BaCl_2$. Man gibt einige ccm $NH_3$ zu, da so auch Spuren leichter und schneller fallen, versetzt mit HCl bis deutlich sauer, kocht nochmals auf, läßt vollständig absitzen, filtriert, wäscht mit heißem HCl-haltigen $H_2O$, dann mit heißem $H_2O$ allein aus, glüht und wägt.

$$BaSO_4 \text{ enthält } 13,73 \% \text{ S.}$$

### e) Permanganatmethode nach Vita und Massenez.

Bei einem Schwefelgehalte bis annähernd 0,12 % werden 8 g, bei einem höheren 4 g genau in derselben Weise wie bei der jodometrischen Methode in HCl gelöst, die entwickelten Gase in

---

[1] Ledebur, Leitfaden für Eisenhüttenlaboratorien, 1911, S. 129.

[2] Als $H_2O_2$ verwendet man gewöhnlich das 3proz., sogenanntes medicinale. Dasselbe enthält fast immer kleinere Mengen von $H_2SO_4$, mit denen es zur Erhöhung der Haltbarkeit versetzt worden ist. Es muß deshalb vor Gebrauch gereinigt werden. Man versetzt das unreine $H_2O_2$ mit einigen Tropfen HCl, fällt mit einigen Tropfen $BaCl_2$ die $H_2SO_4$ heraus, läßt das herausgefällte $BaSO_4$ vollständig absitzen, versetzt dann mit Ammoniak bis zur deutlichen ammoniakalischen Reaktion (es fallen dabei auch andere Verunreinigungen aus), filtriert möglichst schnell durch ein Faltenfilter und macht das gereinigte $H_2O_2$, damit es haltbar bleibt, schwach salzsauer.

70 ccm einer ammoniakalischen Lösung von $CdSO_4$ (Lösung 6 b, S. 166) eingeleitet, die bis zum Schlusse des Lösens ammoniakalisch bleiben muß. Beim Roheisen wird die Flüssigkeit mit dem ausgeschiedenen CdS ½ Stunde gekocht und dann abgekühlt. Das Auskochen geschieht zur Vertreibung der gelösten Kohlenwasserstoffe. Beim Stahl ist diese Behandlung nicht erforderlich. In einen Becherstutzen hat man 600 ccm $H_2O$ gegeben. Nachdem man mit 4—5 Tropfen Permanganat angerötet hat, spült man die Flüssigkeit mit dem CdS-Niederschlag in diesen Becherstutzen, beim Stahl neutralisiert man, setzt 25 ccm $H_2SO_4$ (1 : 1) hinzu und titriert mit Kaliumpermanganat (Titerlösung 1, S. 167), bis der Niederschlag von CdS vollständig verschwunden ist, und die Flüssigkeit einige Minuten deutlich rot bleibt.

Der Schwefeltiter beträgt $^1/_8$ des Eisentiters [1]).

## 2. Im Chromstahl.

Da sich Chromstahl in Salzsäure nicht löst, so kann die gewöhnliche Schwefelbestimmung, d. h. die Bestimmung des Schwefels in Form von Sulfid, nicht in Anwendung kommen. Man muß vielmehr den Schwefel im Chromstahle zu Schwefelsäure oxydieren und die gebildete Schwefelsäure gewichtsanalytisch bestimmen.

Das Verfahren ist folgendes:

Man löst 10 g Stahl in Königswasser, engt nach dem Lösen ein, indem man zur Bindung der gebildeten Schwefelsäure $Na_2CO_3$ in die Lösung gibt, dampft zur Trockne ein und röstet im Becherglas auf der heißen Ofenplatte.

---

[1]) Wenn der Schwefeltiter der Permanganatlösung unter Zugrundelegung nachstehender Reaktionsgleichung aus dem Eisentiter errechnet wird, stimmen die Resultate dieser Methode sehr gut mit der gewichtsanalytischen überein. Deshalb kann auch als sicher angenommen werden, daß in der Hauptsache dabei folgender chemische Prozeß wirklich stattfindet:

$$5\,CdS + 8\,KMn_4O + 12\,H_2SO_4 = 5\,CdSO_4 + 4\,K_2SO_4 + 8\,MnSO_4 + 12\,H_2O$$

Da:

$$10\,FeSO_4 + 2\,KMnO_4 + 8\,H_2SO_4 = 5\,Fe_2(SO_4)_3 + K_2SO_4 + 2\,MnSO_4 + 8\,H_2O$$

ist, beträgt der Titer der Chamäleonlösung auf Schwefel den achten Teil des Eisentiters. Dadurch wird die Methode eine sehr genaue, auch ist es sehr bequem, daß man den Schwefeltiter direkt aus dem Eisentiter berechnen kann.

Nach dem Erkalten feuchtet man mit konzentrierter HCl an, nimmt mit $H_2O$ auf, filtriert die $SiO_2$ ab und engt das Filtrat nach Möglichkeit ein.

Der Ausfällung der Schwefelsäure in Form von $BaSO_4$ muß die Entfernung des Eisens vorangehen, da sonst das Eisen in den Niederschlag mitgerissen wird. Man versetzt zu diesem Zweck das eingeengte Filtrat mit Rothescher Salzsäure und schüttelt die Lösung mit Äther aus. Die ausgeschüttelte Lösung wird wiederum eingeengt, wobei sich meistens noch etwas $SiO_2$ abscheidet. Man filtriert diese $SiO_2$ ab und versetzt, um den letzten Rest des Eisens zu fällen, der meistens in der Lösung zurückgeblieben ist, mit $NH_3$ und wiederholt diese Fällung noch einmal.

In dem mit HCl schwach angesäuerten Filtrate vom Eisen, fällt man die Schwefelsäure mit $BaCl_2$-Lösung.

## F. Kupfer.

8 g Roheisen oder Stahl werden in HCl (1,19) gelöst. Man kann auch die von der S-Bestimmung im Kolben verbliebene Lösung nehmen. Ein großer Überschuß an HCl wird nach vorheriger Verdünnung mit $H_2O$ durch $NH_3$ abgestumpft. Dann fällt man ohne vorherige Filtration das Kupfer mit $H_2S$, filtriert den Niederschlag von CuS und wäscht ihn mit $H_2S$-haltigem Wasser gut aus. In diesem unreinen Niederschlag kann das Kupfer auf dreierlei Weise bestimmt werden.

### 1. Bestimmung als CuO.

Der Niederschlag wird schwach geglüht, dann in Königswasser gelöst, nach dem Verdünnen mit $H_2O$ ammoniakalisch gemacht, filtriert und gut mit heißem $H_2O$ ausgewaschen. Ist viel Kupfer vorhanden, was an der Stärke der Blaufärbung ersichtlich ist, so wird der $NH_3$-Niederschlag in HCl (1,19) gelöst und die Fällung mit $NH_3$ wiederholt. Die beiden miteinander vereinigten Filtrate werden salzsauer gemacht, das Cu nochmals mit $H_2S$ gefällt, über ein aschenfreies Filter filtriert, mit $H_2S$-haltigem Wasser gut gewaschen, längere Zeit bei mäßiger Rotglut geglüht und als CuO gewogen.

CuO enthält 79,90 % Cu.

## 2. Elektrolytische Methode.

Der nach der zweiten Fällung genau wie früher erhaltene Niederschlag von CuS wird schwach geglüht, in 10—15 ccm $HNO_3$ (1,2) gelöst, auf annähernd 200 ccm verdünnt und so wie bei den Erzen (siehe S. 29) elektrolysiert.

## 3. Kolorimetrische Methode.

Dieses Verfahren beruht auf der Stärke der Blaufärbung von ammoniakalischen Kupfersalzlösungen. Die Stärke der Färbung steht, gleiche Flüssigkeitsmengen vorausgesetzt, in direktem Verhältnis zum Cu-Gehalte. Das Lösen von 8 g der Probe geschieht wie oben. Vor dem ersten Fällen mit $H_2S$ empfiehlt es sich, die Flüssigkeit zu filtrieren [1]). Der Niederschlag von CuS wird schwach geglüht, in Königswasser gelöst, mit $H_2O$ verdünnt, deutlich ammoniakalisch gemacht, auf 200 ccm gebracht, gut durchgeschüttelt, durch ein trockenes Faltenfilter in einen trockenen, nachher beschriebenen, Vergleichszylinder filtriert und festgestellt, welchem Cu-Gehalt der Vergleichsflüssigkeit die zu untersuchende Probe entspricht.

Die Vergleichsskala besteht aus einer Reihe von gläsernen weithalsigen zylindrischen Standflaschen von 45 mm lichtem $\oslash$ und 270 mm Höhe mit Glasfuß. Sie werden aus farblosem Glase hergestellt und müssen, da die Lösungen später im horizontalen Querschnitt verglichen werden, genau die gleiche lichte Weite haben. Sie besitzen gut eingeriebene Glasstopfen, die nach Fertigstellung der Skala durch Paraffin vollständig gedichtet worden sind, und haben bei 200 ccm eine Marke.

Man bereitet sich zuerst eine verdünnte Lösung von Kupfervitriol in Wasser, bestimmt durch Elektrolyse ganz genau den Gehalt dieser Lösung an Cu und weiß somit, wieviel Cu 1 ccm davon enthält. Die Skala soll uns Cu-Gehalte in Zwischenräumen

---

[1]) Enthält der Rückstand nämlich Mangan, herrührend von etwa noch ungelöstem Roheisen, so stört dieses nachher den kolorimetrischen Vergleich, indem das Mangan durch das Königswasser gelöst wird und bei der späteren Behandlung mit $NH_3$ sich durch Oxydation in Form von $Mn(OH)_2$ abscheidet und den blauen Farbenton der Kupferlösnug ins Grünliche überspielen macht.

von 0,02 % anzeigen. Die äußersten Grenzen der Skala richten sich nach den Cu-Gehalten, die für gewöhnlich vorkommen. In den meisten Fällen wird sie genügen, wenn sie von 0,04 bis 0,4 % reicht. Die Skala muß uns direkt den Cu-Gehalt anzeigen. Sie muß deshalb immer so viel Cu enthalten, als bei dem entsprechenden Prozentsatz in 8 g Einwage vorhanden ist. Mithin

bei 0,04 %. . . . . . . . . . . . . . 0,0032 g Cu

„ 0,06 %. . . . . . . . . . . . . . 0,0048 g „

„ 0,08 %. . . . . . . . . . . . . . 0,0064 g „ usw.

Man bringt z. B. in den Vergleichszylinder für 0,04 % mittels einer Bürette von der verdünnten Kupfervitriollösung die Menge, welche 0,0032 g Cu enthält, hinein, macht deutlich ammoniakalisch, füllt bis zur Marke von 200 ccm auf und schüttelt gut durch. So bereitet man sich die einzelnen Vergleichszylinder, bis die ganze Skala fertig ist. Das Vergleichen erfolgt am besten auf einem kleinen Gestell mit weißer Bodenfläche und einem Milchglase als Hintergrund. Reicht man mit der Vergleichsskala nicht aus, so nimmt man einen Teil der Lösung und verdünnt entsprechend, was bei der Berechnung natürlich berücksichtigt werden muß.

# G. Nickel.

## 1. Elektrolytische Bestimmung.

2—5 g Nickelstahl werden in verdünnter $H_2SO_4$ gelöst, mit $H_2O$ verdünnt, durch $H_2S$ das Cu gefällt und abfiltriert. Das Filtrat wird zur Vertreibung des $H_2S$ aufgekocht und mit $H_2O_2$ oder $HNO_3$ oxydiert. Die Lösung, die sich dabei gelb-rot färbt, spült man in einen 500-ccm-Kolben über, gibt $(NH_4)_2SO_4$ zu und fällt das Eisen im Überschuß mit $NH_3$. Nachdem man bis zur Marke aufgefüllt hat, filtriert man durch ein trockenes Filter und pipettiert 100 ccm = 0,4—1 g Stahl ab. Man gibt in die Lösung 5 g $(NH_4)_2SO_4$, fügt 30—40 ccm $NH_3$ und 50—60 ccm $H_2O$ hinzu, erwärmt auf $50^0$ und elektrolysiert bei 3,5—4 Volt Spannung und 1—2 Amp. ca. 2 Stunden, bis alles Ni ausgefällt ist, was man qualitativ zu prüfen hat. Nach Beendigung der Elektrolyse unterbricht man den Strom, nimmt die Elektrode ab, spült sie mit $H_2O$ und Alkohol ab und trocknet sie im Trockenschrank bei $100^0$.

## 2. Dimethylglyoxymmethode[1]).

Man löst 1 g Substanz in 20 ccm HCl und oxydiert, nachdem alles in Lösung gegangen ist, mit konzentrierter $HNO_3$. Die Zugabe von $HNO_3$ hat tropfenweise zu erfolgen. um jeden Überschuß nach Möglichkeit zu vermeiden. Nachdem man einige Zeit erhitzt hat, bis jeglicher Chlorgeruch verschwunden ist, läßt man erkalten. Zeigt sich in der Flüssigkeit jetzt ausgeschiedene Kieselsäure, so muß dieselbe abfiltriert werden. Das Filtrat (bei Abwesenheit von Kieselsäure die oxydierte Lösung) wird mit 300 ccm Wasser verdünnt. Man fügt alsdann 2—3 g Weinsäure hinzu und macht die Lösung ammoniakalisch. Der Zusatz der Weinsäure hat den Zweck, das Eisen in Lösung zu halten. Mit wenigen Tropfen verdünnter HCl säuert man alsdann an, erwärmt die Flüssigkeit und gibt 50 ccm einer alkoholischen Lösung von Dimethylglyoxym hinzu und macht wiederum schwach ammoniakalisch. Hierbei fällt das Nickelsalz schön leuchtend rot aus. Man läßt es $1—1\frac{1}{2}$ Stunden in der Wärme absitzen, filtriert, verascht das Filter mit dem Niederschlag vorsichtig, indem man das Filter umgekehrt in den Tiegel gibt und anfänglich nicht zu heftig erhitzt. Das Nickel kommt als NiO zur Auswage.

## 3. Modifizierte Dimethylglyoxymmethode.

Die Methode beruht darauf, daß vor der Ausfällung des Nickels mit Dimethylglyoxim der größte Teil des Eisens mit Äther ausgezogen wird.

Die Einwage ist bei dieser Methode dieselbe wie bei der gewöhnlichen Dimethylglyoxymmethode. Als Lösungsmittel dienen 20 ccm HCl (1,124), die sogenannte Rothesche Säure. Man oxydiert die warme Lösung, ohne etwa am Uhrglas haftende Tropfen abzuspülen und so die Konzentrationsverhältnisse zu ändern, mit konzentrierter $HNO_3$. Gerade bei dieser Methode ist der größte Wert darauf zu legen, daß jeglicher Überschuß an $HNO_3$ vermieden wird. Man gibt deshalb die $HNO_3$ am besten mittels eines Tropfglases hinzu. Die Beendigung der Oxydation zeigt sich durch einen ganz charakteristischen plötzlichen Farben-

---

[1]) Methode von Brunck.

umschlag von schwarzbraun zu gelbrot. Nach beendeter Oxydation dampft man bis auf wenige Kubikzentimeter ein und gibt 20 ccm HCl (1,124) hinzu zur Verjagung der $HNO_3$ und engt wiederum ein. Die Lösung spült man dann in einen einfachen Scheidetrichter mittels HCl (1,124) derart, daß die ganze Lösungsflüssigkeit etwa 50 ccm beträgt. Man spült mit Äther nach, indem man im ganzen 100 ccm Äther hinzugibt. Alsdann schüttelt man einigemal gut durch. Nachdem sich der Äther von der Ni-haltigen Lösung abgeschieden hat, was ungefähr $\frac{1}{4}$ Stunde dauert, läßt man diese Lösung ablaufen bis auf den letzten Rest, der in der fadenförmigen Verjüngung des Trichters zurückbleibt. Um diesen Rest zu gewinnen, gibt man 1 ccm Äther-Salzsäure hinzu (dargestellt durch Sättigen und Schütteln der Rotheschen Salzsäure mit Äther) und läßt wiederum abfließen, ohne aber umgeschüttelt zu haben. Die Äthersalzsäure treibt den Rest der Nickellösung aus. Um die letzten Spuren von Nickel zu gewinnen, gibt man zu der ätherischen Eisenlösung nochmals 5 ccm Äthersalzsäure hinzu, läßt absitzen, ablaufen und wiederholt diese letztere Ausschüttelung noch zweimal.

Die Ni-haltige Lösung wird vorsichtig — eine freie Flamme ist wegen des Äthers zu vermeiden — bis auf wenige Kubikzentimeter eingeengt. Ist Silizium im Stahl, so hat man zur Trockne einzudampfen, um die $SiO_2$ unlöslich zu machen.

Die weitere Behandlung erfolgt wie in Abschnitt 2 ausgeführt ist.

## H. Arsen.

5—10 g Roheisen oder Stahl werden in $HNO_3$ (1,2) gelöst, dann nach Zusatz von 30—50 ccm $H_2SO_4$ bis zum starken Abrauchen abgedampft und in $H_2O$ gelöst. Etwa ausgeschiedene $SiO_2$ oder zurückgebliebener Graphit wird filtriert und mit heißem $H_2O$ ausgewaschen; das Filtrat wird konzentriert, in einen Arsen-Destillationskolben übergespült und nach Zusatz von $FeCl_2$ das As, genau wie bei den Erzen (siehe S. 31) angegeben wurde, herausdestilliert und bestimmt.

# J. Chrom, Vanadin und Molybdän.

## 1. Bestimmung von Chrom bei Abwesenheit von Vanadin und Molybdän.

### a) Persulfatmethode nach Philips.

Die Persulfatmethode gründet sich darauf, Mangan und Chrom durch Persulfat bei Gegenwart von Silbernitrat zu Permanganat und zu Chromsäure zu oxydieren, das Permanganat mit Salzsäure wieder zu reduzieren und die Chromsäure mit Ferrosulfat und Permanganatlösung von bestimmtem Gehalt zu titrieren.

Nach dem Ergebnis einer qualitativen Untersuchung werden 2—5 g in einem Erlenmeyerkolben von 500 ccm Inhalt in 20 bis 30 ccm verdünnter $H_2SO_4$ (1 : 1) gelöst. Sobald die H-Entwickelung aufgehört hat, wird auf annähernd 200 ccm verdünnt, 10 ccm einer 0,5proz. $AgNO_3$-Lösung und 100 ccm einer 6proz. Ammoniumpersulfatlösung zugesetzt, auf 300 ccm verdünnt und bis zum Aufhören der O-Entwickelung gekocht. Dann versetzt man mit 10 ccm verdünnter HCl (1 : 1), erhitzt bis zum Verschwinden des Cl-Geruches, kühlt ab, fügt 20 ccm $FeSO_4$-Lösung (Titerlösung Nr. 3 S. 169) hinzu, spült in eine zwei Liter fassende Porzellanschale und titriert nach Zusatz der Reinhardtschen $P_2O_5$- und $H_2SO_4$-haltigen $MnSO_4$-Lösung mit Chamäleon bis zur Rosafärbung. Die Titration und Berechnung geschieht genau so wie bei der Cr-Bestimmung in Erzen.

Man stellt am besten zuerst den Titer der $FeSO_4$-Lösung, titriert dann die Probe und kontrolliert nachher nochmals den Titer der $FeSO_4$-Lösung.

### b) Jodometrische Methode.

Die jodometrische Chrombestimmung eignet sich vor allem für Stahl mit niedrigem Chromgehalt.

Bei dieser Methode geschieht die Oxydation des Chroms zu Chromsäure durch Permanganatlösung und die Bestimmung des Chroms durch Titration mit Jodkali und Thiosulfatlösung.

10 g Stahl werden in HCl (1,19) gelöst und nach der Lösung mit $KClO_3$ oxydiert. Man verkocht das Chlor und spült die Flüssigkeit in einen tarierten Rundkolben von einem Liter Fassungsvermögen.

Man fügt alsdann Soda hinzu bis zur beginnenden Trübung und dann noch zwei gute Löffel im Überschuß. Mit 40 ccm einer 4proz. Permanganatlösung oxydiert man jetzt und kocht unter Luftdurchleiten 10 Minuten.

Mit 5 ccm Alkohol wird jetzt das überschüssige Permanganat zerstört. Auch während dieses Prozesses leitet man unter Kochen während 10 Minuten Luft durch die Lösung.

Nach der Reduktion des Permanganats füllt man zur Marke auf, filtriert durch ein trockenes Faltenfilter und pipettiert von der gelbgefärbten Lösung je nach dem Chromgehalt 100 ccm oder mehr ab, gibt 1 g Jodkali zu, säuert mit HCl an und titriert das ausgeschiedene Jod mit $^1/_{10}$ Normal-Thiosulfatlösung. (Titerlösung 4 S. 170).

## 2. Bestimmung von Chrom bei Anwesenheit von Vanadin. Gleichzeitige Vanadinbestimmung.

1. Methode. 2—5 g werden in $HNO_3$ (1,2) gelöst, in der Platinschale abgedampft und geglüht, dann mit $1—2\frac{1}{2}$ g $KNO_3$ je nach der Größe der Einwage verrieben, 1 Stunde geglüht, mit heißem $H_2O$ ausgezogen und filtriert. Der unlösliche Rückstand wird nochmals mit $KNO_3$ geglüht und ausgezogen. Die gelb gefärbten Filtrate werden mit verdünnter $HNO_3$ neutralisiert und mit $BaCl_2$ gefällt. Der Niederschlag von $BaCrO_4$ und $Ba(VO_3)_2$ wird vom Filter abgespült und mit verdünnter $H_2SO_4$ gekocht. Die Vanadinsäure geht in Lösung und wird von dem $BaCrO_4$ abfiltriert, mit $NH_3$ neutralisiert, konzentriert und mit festem $NH_4Cl$ und $NH_3$ [1]) ausgefällt. Das $NH_4VO_3$ wird abfiltriert, mit $NH_4Cl$-Lösung gewaschen, eingeäschert, geglüht und gewogen.

Der Niederschlag ist $V_2O_5$ und enthält 56,13 % V.

Enthält die Probe kein Cr, so wird der wäßrige Auszug nach dem Neutralisieren mit $HNO_3$ mit $HgNO_3$ gefällt, geglüht und ebenfalls als $V_2O_5$ gewogen.

Der Niederschlag von $BaCrO_4$ wird mit der entsprechenden Menge $Na_2O_2$ in einem dickwandigen Porzellantiegel 10 Minuten

---

[1]) Bei der Ausfällung mit $NH_4Cl$ muß man mit $NH_3$ schwach alkalisch machen, durch Eindampfen konzentrieren und die mit $NH_4Cl$ gesättigte Lösung kalt stehen lassen. Ist die Lösung auch nur schwach sauer, so fällt V nicht aus.

lang geschmolzen, die Schmelze mit heißem $H_2O$ aufgenommen, bis zur vollständigen Zerstörung des $Na_2O_2$ gekocht und mit verdünnter $H_2SO_4$ angesäuert. Nach dem Erkalten wird mit überschüssiger $FeSO_4$-Lösung reduziert und der Überschuß mit Permanganat zurücktitriert. (Vgl. Chrombestimmung in Erzen, S. 34.)

2. Methode. Man löst vom Stahl 2—5 g und vom Roheisen 10 g in einem Erlenmeyer in HCl (1,12) unter Erhitzen bis zum Sieden, kühlt ab, versetzt mit der doppelten Menge kaltem $H_2O$ und fällt Cr und V mit aufgeschlämmtem $BaCO_3$ in geringem Überschusse. Der Kolben wird dann bis zum Halse mit Wasser aufgefüllt und gut verschlossen wenigstens 24 Stunden stehen gelassen. Die klare Flüssigkeit wird abgehebert, der Niederschlag auf ein Filter gebracht und mit kaltem $H_2O$ ausgewaschen, getrocknet, vom Filter entfernt und zusammen mit der Asche von dem verbrannten Filter mit 5—10 g eines Gemisches von 1 Teil $KNO_3$ und 15 Teilen $Na_2CO_3$ verrieben und geschmolzen. Liegt ein graphitreiches Roheisen zur Analyse vor, so muß der Niederschlag vorher zur Verbrennung des Graphits ausgeglüht werden. Die erkaltete Schmelze wird mit heißem $H_2O$ behandelt und filtriert. Das Filtrat, welches das Cr und V enthält, wird zur Reduktion der $H_2CrO_4$ unter Zugabe von Alkohol zur Trockne verdampft. Dann löst man den Rückstand in HCl unter Zusatz einiger Körnchen $KClO_3$, um das V vollständig als $HVO_3$ zu erhalten. Man fällt in Siedehitze das $Cr_2O_3$ mit $NH_3$. Um zu verhindern, daß V mitfalle, setzt man einige Tropfen $Na_3PO_4$ hinzu. Der Niederschlag wird filtriert, mit heißem $H_2O$ ausgewaschen, getrocknet und mit $Na_2O_2$ geschmolzen. In der Lösung bestimmt man das Cr maßanalytisch.

Die Bestimmung des V in dem ammoniakalischen Filtrat geschieht am besten nach Treadwell in folgender Weise.

Man neutralisiert möglichst genau mit $HNO_3$, versetzt mit überschüssigem Bleiazetat, rührt kräftig um, wobei sich der voluminöse Niederschlag zusammenballt, sich rasch zu Boden setzt und die überstehende Flüssigkeit vollkommen klar erscheint. Den anfangs orangefarbigen Niederschlag, welcher nach längerem Stehen gelb und schließlich weiß wird, filtriert und wäscht man mit essigsäurehaltigem Wasser, bis $\frac{1}{2}$ ccm des Waschwassers beim Verdampfen keinen Rückstand mehr hinterläßt. Nun spritzt man den Niederschlag in eine Porzellanschale, löst die noch im Filter verbleibenden Anteile in möglichst wenig warmer verdünnter $HNO_3$, läßt die Lösung zur Hauptmenge des Niederschlages in die Porzellanschale fließen und fügt noch genug $HNO_3$ hinzu, um alles Bleivanadat zu lösen. Dann versetzt man die Lösung mit überschüssiger $H_2SO_4$, dampft im Wasserbade so weit als möglich ein und erhitzt schließlich die Schale im Luftbade, bis dicke Schwefelsäuredämpfe zu entweichen beginnen. Nach dem Erkalten verdünnt man mit 50—100 ccm Wasser, filtriert und wäscht mit $H_2SO_4$-haltigem Wasser aus, bis 1 ccm des Filtrats mit Wasserstoffperoxydlösung keine Gelbfärbung mehr gibt. Das so erhaltene Bleisulfat ist, vorausgesetzt, daß genügend überschüssige $H_2SO_4$ vorhanden war und die Masse beim Abrauchen der $H_2SO_4$ nicht trocken wurde, weiß und völlig frei von Vanadinsäure. Das Filtrat, welches alle Vanadinsäure enthält, dampft man in einer Porzellanschale auf ein kleines Volumen ein, spült die Flüssigkeit in einen tarierten Platintiegel, verdampft wieder im Wasserbade, zuletzt im Luftbade, bis alle $H_2SO_4$ vertrieben ist, glüht längere Zeit [1]) bis zur schwachen Rotglut bei offenem Tiegel und wägt das zurückbleibende $V_2O_5$.

### 3. Bestimmung von Chrom bei Anwesenheit von Molybdän. Gleichzeitige Bestimmung des Molybdäns.

Beide kommen zusammen nur im Stahl vor. Man löst 2 g der Probe in 10 ccm HCl (1,19), verdünnt nach vollständiger Lösung mit der doppelten bis dreifachen Menge Wasser und leitet in die mindestens 80° heiße Flüssigkeit unter Ersatz des abgedampften Wassers so lange $H_2S$ ein, bis alles Mo ausgefällt ist. Dann filtriert man, wäscht den Sulfidniederschlag mit HCl-haltigem $H_2S$-Wasser aus und bestimmt darin das Mo, wie früher schon angegeben.

Das Filtrat von den Sulfiden wird bis zur vollständigen Verjagung des $H_2S$ gekocht, dann kochend mit 20 ccm HCl (1,12) versetzt. Man oxydiert durch tropfenweisen Zusatz von

---

[1]) Beim Abrauchen der $H_2SO_4$ bildet sich zum Schluß ein Gemenge von grünen und braunen Kristallen (Verbindungen der Vanadinsäure mit Schwefelsäure), welche erst bei schwacher Rotglut die Schwefelsäure abgeben.

$2-3$ ccm $HNO_3$ (1,4), engt auf annähernd 10 ccm ein und entfernt durch das Ätherverfahren den größten Teil des Fe. Die abgetrennte Fe-arme Lösung wird zur Trockne abgedampft, der verbleibende Rückstand in HCl gelöst, dann mit $NH_3$ das Cr herausgefällt. Der abfiltrierte und getrocknete Niederschlag von $Cr(OH)_3$ wird geglüht, mit $Na_2O_2$ aufgeschlossen und das Cr in der wäßrigen Lösung der Schmelze titrimetrisch bestimmt.

### 4. Vanadin im Stahl.

5 g Stahl werden in HCl (1,19) gelöst und mit $HNO_3$ (1,2) oxydiert, tief eingekocht, zur Trockne gebracht und geröstet. Man nimmt mit HCl (1,12) und wenig $H_2O$ auf und scheidet die $SiO_2$ durch Filtration ab. Das Filtrat wird im Rothe-Apparat mit Äther ausgeschüttelt; diese vom Fe befreite Flüssigkeit wird möglichst tief eingedampft, mit wenig $H_2O$ verdünnt und in einen 250-ccm-Kolben gespült, in welchem $15-20$ g NaOH in möglichst wenig $H_2O$ gelöst sind. Man mischt durch Umschwenken gut durch und läßt 3 Stunden stehen.

Nach völligem Erkalten füllt man zur Marke auf, mischt durch und filtriert die stark alkalische Lösung. Vom Filtrate nimmt man 200 ccm $=$ 4 g Stahl in einen 250-ccm-Kolben ab, säuert mit $H_2SO_4$ an und füllt neuerdings bis zur Marke auf. Etwa hierbei noch nachträglich ausgeschiedene $SiO_2$ wird durch ein trockenes Filter abfiltriert, vom Filtrat 100 ccm $=$ 1,6 g Stahl genommen und mit 10 ccm $H_2O_2$-Lösung (1 : 10) versetzt. Man vergleicht diese so vorbereitete Flüssigkeit mit einer Vanadinlösung von bekanntem Gehalt. Zur Herstellung dieser Vanadinlösung werden 18 g (bei $105^0$ vorher getrocknetes) $V_2O_5$ in $H_2SO_4$ gelöst und auf 1 Liter verdünnt. Je nach dem vorhandenen Vanadingehalt nimmt man von dieser Vergleichslösung einen aliquoten Teil.

### 5. Molybdän im Stahl.

4 g Stahl werden in HCl (1,19) gelöst; nach vollständiger Lösung, wozu ungefähr 1 Stunde notwendig ist, läßt man abkühlen, oxydiert mit einigen Tropfen $HNO_3$ (1,40) und kocht tief ein.

In einem 500-ccm-Kolben löst man 10 g NaOH in heißem $H_2O$ und läßt obige Stahllösung, die mit etwas $H_2O$ verdünnt und mit NaOH fast neutralisiert worden ist, in dünnem Strahle unter Umschwenken einfließen. Nach vollständigem Abkühlen füllt man mit $H_2O$ zur Marke auf, mischt gut durch und filtriert durch ein trockenes Filter. Alles Mo befindet sich im Filtrate, von welchem 250 ccm mit HCl ganz schwach sauer gemacht werden. Diese Lösung wird jetzt zum Kochen erhitzt nud das Mo unter Zugabe von 50 ccm konzentrierter Ammonazetatlösung mit 10 ccm essigsaurem Blei (50 proz.) versetzt. Man kocht auf, läßt in der Wärme absitzen, filtriert, wäscht mit warmem $H_2O$, trocknet, entfernt den Niederschlag vom Filter, äschert dies für sich ein, fügt den Niederschlag hinzu, glüht und wägt nach dem Erkalten als $MoO_4Pb$.

$MoO_4Pb$ enthält 26,17 % Mo.

### 6. Ferrochrom.

0,5 g der möglichst fein gepulverten Probe werden in einem dickwandigen Porzellantiegel mit 5 g $Na_2O_2$ innig gemischt und 15 Minuten lang im Schmelzen gehalten. Die erkaltete Schmelze löst man in heißem Wasser, kocht einige Zeit bis zur vollständigen Zerstörung des $Na_2O_2$ und säuert mit $H_2SO_4$ (1 : 1) an. Zeigt sich dabei, daß ein Teil des Ferrochroms noch nicht aufgeschlossen ist, so filtriert man, verascht den Rückstand und wiederholt den Aufschluß mit $Na_2O_2$ noch einmal. In den vereinigten Lösungen wird dann das als Chromat vorliegende Cr in derselben Weise, wie bei der Cr-Bestimmung in Erzen ausgeführt ist, titrimetrisch bestimmt. (Vgl. S. 34.)

### 7. Ferrovanadin nach Em. Campe [1]).

### Bestimmung des Vanadins.

0,5 g werden in einer bedeckten Porzellanschale in 20 ccm $HNO_3$ (1,2) gelöst, zur Trockne verdampft, dann zur Zerstörung der Nitrate auf dem Sandbade stark geröstet. Der Rückstand wird mit 50 ccm HCl (1,19) gelöst, zwecks Reduktion der Vanadinsäure ($V_2O_5$) zu Vanadinoxyd ($V_2O_4$) zur Trockne abgedampft und das Lösen in HCl und Abdampfen noch zweimal wiederholt. Dann wird die HCl durch Abdampfen mit 20 ccm $H_2SO_4$ bis zum starken Abrauchen vertrieben. Nach dem Ab-

---

[1]) Siehe Berliner Berichte der Deutschen chem. Gesellsch. 1903, Bd. 36, S. 3164.

kühlen wird das Sulfat mit kaltem Wasser aufgenommen, in einen Literkolben gespült, auf reichlich ½ Liter verdünnt, auf ca. 80⁰ erhitzt und bei dieser Temperatur mit einer $KMnO_4$-Lösung, deren Fe-Titer genau ermittelt worden ist, titriert. Es empfiehlt sich, vor dem Titrieren 5—10 ccm $H_3PO_4$ hinzuzufügen. Die Reaktion erfolgt nach folgender Gleichung:

$$5\,V_2O_4 + 2\,KMnO_4 + 3\,H_2SO_4 = 5\,V_2O_5 + K_2SO_4 + 2\,MnSO_4 + 3\,H_2O.$$

Fe-Titer der $KMnO_4$-Lösung $\times$ 0,9162 $=$ V-Titer.

## 8. Ferromolybdän.

1. **Mo - Bestimmung.** 0,5 g werden in 15 ccm $HNO_3$ (1,2) gelöst, mit 10 ccm $H_2SO_4$ bis zum starken Abrauchen abgedampft; nach dem Erkalten verdünnt man mit $H_2O$ und löst die ausgeschiedene $MoO_3$ durch Erwärmen. Die zurückgebliebene $SiO_2$ wird abfiltriert, nach dem Veraschen mit HF und $H_2SO_4$ abgeraucht, der etwa vorhandene Rückstand von $MoO_3$ gelöst und mit dem Hauptfiltrat vereinigt. Die vereinigten Lösungen werden in eine Druckflasche gespült und in der Kälte mit $H_2S$ gesättigt. Dann wird die in einem Stativ eingespannte geschlossene Druckflasche in ein kaltes Wasserbad eingehängt, dieses zum Sieden erhitzt und die Druckflasche 1 Stunde lang bei Siedehitze darin belassen. Nach dem Erkalten des Flascheninhalts wird das $MoS_3$ durch einen Goochtiegel abfiltriert, zuerst mit $H_2SO_4$-haltigem $H_2O$ und dann mit Alkohol bis zum Verschwinden der $H_2SO_4$-Reaktion ausgewaschen und bei 100⁰ getrocknet. Jetzt hängt man den Goochtiegel in einen etwas größeren Porzellantiegel, bedeckt den Goochtiegel gut mit einem Uhrglas und erhitzt anfangs ganz schwach über einer kleinen Flamme. Hierbei verbrennt das $MoS_3$ unter schwachem Erglühen zu $MoO_3$. Ist der Geruch nach $SO_3$ verschwunden, so entfernt man das Uhrglas und erhitzt den äußeren Tiegel stärker bis zur Gewichtskonstanz des Goochtiegels. Zu starkes Glühen muß wegen der leichten Flüchtigkeit des $MoO_3$ vermieden werden.

Da das erste Filtrat meist noch geringe Mengen Mo enthält, empfiehlt sich eine zweite Behandlung mit $H_2S$ in der Kälte und dann unter Druck wie oben.

$MoO_3$ enthält 66,66 % Mo.

**2. C - Bestimmung.** Weger der Flüchtigkeit des Molybdän-oxyds, das beim Verbrennen im O-Strome entsteht und das Verbrennungsrohr verstopfen könnte, empfiehlt sich die Anwendung der nassen Methode durch Oxydation mit Chromsäure, da sich das Ferromolybdän leicht in Chrom-Schwefelsäure löst. Die Methode wird wie beim Roheisen durchgeführt.

# K. Aluminium.

Man löst 6 g Stahl in HCl (1,124), dampft zur Trockne, scheidet die $SiO_2$ ab, löst wieder mit HCl, verdünnt mit $H_2O$, filtriert die $SiO_2$ und wäscht mit HCl-haltigem $H_2O$ aus. Das Filtrat erhitzt man zum Sieden, oxydiert vorsichtig durch tropfenweise zugesetzte $HNO_3$, dampft dann zur Trockne ab, löst den Rückstand mit 10 ccm HCl (1,124) und spült mit 40 ccm HCl (1,124) in den Rotheschen Ätherabscheidungsapparat. Durch zweimaliges Schütteln mit Äther wird der größte Teil des Fe abgeschieden.

Die Fe-arme Lösung wird zur Trockne verdampft, der Rückstand in HCl gelöst und nach der Azetatmethode das Mn entfernt. Der Niederschlag, welcher das Al enthält, wird in HCl gelöst und in einer Platinschale zur Trockne verdampft, dann nach Zusatz von 2—3 ccm $H_2O$ und etwa 2 g Al-freiem KOH einige Zeit gekocht. Dann verdünnt man mit $H_2O$, spült mit $H_2O$ in einen Meßkolben von 300 ccm, füllt bis zur Marke auf, schüttelt gut durch, filtriert durch ein trockenes Filter in ein trockenes Becherglas und nimmt 250 ccm entsprechend 5 g der eingewogenen Probe ab. Man säuert mit HCl an, fällt unter Einhaltung der nötigen Vorsichtsmaßregeln das Al mit $NH_3$ und bestimmt es als $Al_2O_3$.

$Al_2O_3$ enthält 53,03 % Al.

Um sich zu überzeugen, ob alles Al gefällt worden ist, säuert man das Filtrat mit Essigsäure an und kocht nach Zusatz von Natriumphosphat.

# L. Wolfram.
## 1. Ferrowolfram.

a) **Aufschluß mittels $Na_2O_2$ (nach Bornträger).**

0,5 g der im Stahlmörser äußerst fein zerkleinerten Probe werden in einem Ni-Tiegel mit 4 g $NaKCO_3$ und 4 g $Na_2O_2$ gut durchgemischt, vorgewärmt und dann 5 Minuten lang über der freien Bunsenflamme aufgeschlossen. Die Schmelze wird in $H_2O$ gelöst, verdünnt und der noch vorhandene Rückstand abfiltriert. Um ein trübes Filtrieren zu vermeiden, setzt man einige Kubikzentimeter einer Lösung von $Na_2CO_3$ zu. Etwa vorhandenes Mn muß im Filtrate durch Zusatz von Alkohol reduziert werden. Der Rückstand wird verascht und nochmals mit $2-3$ g $NaKCO_3$ und $2-3$ g $Na_2O_2$ in demselben Tiegel unter gleichen Vorsichtsmaßregeln aufgeschlossen. Die gelöste Schmelze wird mit dem ersten Filtrat vereinigt und mit $HNO_3$ (1,24) unter Anwendung von Methylorange als Indikator scharf neutralisiert, dann mit 15 ccm schwach salpetersaurer Merkuronitratlösung versetzt und die überschüssige $HNO_3$ durch einige Tropfen von aufgeschlämmtem $HgO$ abgestumpft. Man erhitzt zum Sieden, der Niederschlag von Merkurowolframat setzt sich sofort ab. Er wird filtriert, mit kaltem merkuronitrathaltigem $H_2O$ (30 ccm auf 1 Liter), zum Schlusse mit kaltem $H_2O$ allein, ausgewaschen, im Platin- oder Porzellantiegel verascht und über einem Bunsenbrenner ausgeglüht. Das Ausglühen kann auch in der Muffel erfolgen. Der ausgeglühte Niederschlag besteht aus $WO_3$ mit 79,31 % W.

### b) Aufschluß im O-Strom.

Bei einer zweiten Methode kann außer dem W auch der C gleichzeitig bestimmt werden. Es werden $0,5-1$ g im Sauerstoffstrome aufgeschlossen; der C verbrennt dabei zu $CO_2$ und kann durch Absorption in Natronkalkröhrchen bestimmt werden. Das Aufschließen geschieht in einem Porzellan- oder Quarzglasrohr, in das die in einem Porzellanschiffchen sich befindende Probe eingesetzt wird.

Die oxydierte Substanz wird in einem Becherglase mit 50 ccm $HCl$ (1,19) in Lösung gebracht und zur Trockene abgedampft, dann wieder in $HCl$ gelöst, mit $H_2O$ verdünnt, abfiltriert und mit heißem, $HCl$-haltigem $H_2O$ das Fe herausgewaschen. Der verbleibende Rückstand besteht aus $WO_3$, er wird ausgeglüht und gewogen. Geringe Mengen von $SiO_2$ (gewöhnlich $0,1-0,2$ %) können durch Abdampfen mit HF entfernt werden.

### 2. Wolframstahl.

$1-2$ g werden in $HNO_3$ (1,20) gelöst und mit $H_2SO_4$ (1 : 5), von welcher man für 1 g 30 ccm nimmt, bis zum Entweichen weißer $H_2SO_4$-Dämpfe abgedampft. Dann filtriert man, wäscht gut mit HCl-haltigem $H_2O$, trocknet und verascht. Der Rück stand besteht aus $WO_3$ und $SiO_2$. Letztere wird durch Abdampfen mit HF abgeraucht. Nach dem Glühen erhält man $WO_3$ [1]).

### 3. Hochprozentiger Wolframstahl.

(20 % W und darüber [2]).)

Man löst 2 g in 20—25 ccm verdünnter HCl. Sobald keine H-Entwicklung mehr stattfindet, neutralisiert man mit $Na_2CO_3$ so weit, daß die Flüssigkeit noch schwach sauer ist. Diesen Punkt kann man bei solchen Lösungen, welche nicht viel Rückstand enthalten, nach Zusatz von Methylorange als Indikator leicht bestimmen, indem man $Na_2CO_3$ bis zum Verschwinden und dann tropfenweise ganz verdünnte HCl bis zum Wiedererscheinen der roten Farbe hinzufügt. Bei Lösungen mit viel Rückstand, wo diese Art der Neutralisation nicht gut durchführbar ist, verfährt man ohne Methylorange in der gleichen Weise. Zum Schlusse setzt man nur so viel HCl zu, bis ein mit einem Glasstabe herausgenommener Tropfen blaues Lackmuspapier schwach rötet.

Jetzt fügt man 10 ccm $^1/_{10}$ Normal-$H_2SO_4$, dann 40—60 ccm Benzidinlösung (siehe Lösung 14, S. 167) hinzu, erhitzt kurze Zeit zum Sieden, damit sich der Niederschlag gut absetzt. Dann wird filtriert und mit Benzidinlösung (1 Teil mit 5 Teilen $H_2O$ verdünnt) ausgewaschen.

Der anfangs vorsichtig, dann stark ausgeglühte Niederschlag enthält mit Fe sehr verunreinigtes $WO_3$. Er wird mit der 3 bis 4fachen Menge $Na_2CO_3$ geschmolzen, die Schmelze in $H_2O$ gelöst und nach Zusatz einiger Tropfen Methylorange wie früher fast neutralisiert. Dann werden wieder 10 ccm $^1/_{10}$ Normal $H_2SO_4$, weitere 40—60 ccm Benzidinlösung zugesetzt, gekocht und verfahren wie oben. Der ausgeglühte Niederschlag ist $WO_3$.

Bei Anwesenheit von Cr enthält das $WO_3$ dieses in geringer Menge eingeschlossen, weil nach Knorre Cr und W in der Schmelze komplexe Verbindungen bilden. Man kocht die nicht vollständig

---

[1]) Diese Methode eignet sich auch sehr gut zur Trennung des Wo von Cr, Ni, Mo und V, die sich alle im Filtrate von der Wolframsäure befinden und darin nach den angeführten Methoden bestimmt werden können.

[2]) Methode nach G. von Knorre, St. u. E. 1906, S. 1489.

neutralisierte Lösung der Schmelze, reduziert die Chromsäure mit
$SO_2$, fügt $1/10$ Normal-$H_2SO_4$ zu und fällt mit Benzidinlösung.
Bei Anwesenheit größerer Mengen Cr kann der Zusatz von
$1/10$ Normal-$H_2SO_4$ unterbleiben, weil sich solches genügend aus
der zugesetzten $SO_2$ bildet.

## M. Titan[1]).

### 1. Roheisen und Stahl.

Titan kommt in allen Roheisensorten vor, die aus titan-
haltigen Erzen erblasen sind.  Im Stahle findet sich Titan in
jüngster Zeit häufig, da man bei der Raffination als Desoxydations-
mittel [2]) Titanzuschläge anwendet.

Da die Titanmenge im Roheisen und Stahl meistens sehr
gering ist (es handelt sich in der Regel um zehntel Prozente),
so hat man eine entsprechend große Einwage zu wählen.  Man
löst 25 g Eisen oder Stahl in verdünnter $HNO_3$.  Es sind hierzu
ungefähr 150 ccm erforderlich.  Die Lösung hat unter guter
Kühlung zu erfolgen.  Nachdem alles aufgelöst, dampft man in
einer Porzellanschale zur Trockene, röstet auf der heißen Ofenplatte längere Zeit, läßt abkühlen und feuchtet die geröstete
Masse mit wenigen Kubikzentimetern HCl an. Bei mäßiger Temperatur wird längere Zeit erwärmt, bis alles Lösliche sich gelöst hat,
dann dampft man abermals ein und bringt nochmals durch
einige Kubikzentimeter HCl unter Erwärmen zur Lösung, verdünnt mit Wasser und filtriert die ausgeschiedene $SiO_2$ ab.

Das möglichst auf 50 ccm eingeengte Filtrat wird in Teilen
von je 10 ccm ausgeäthert.  Man gibt zu je 10 ccm Lösung 40 ccm
Rothesche Salzsäure (1,124) und schüttelt mit Äther aus.  Das
Eisen geht in die ätherische Flüssigkeit, während das Titan in der
wäßrigen Lösung zurückbleibt.

Die dermaßen von Eisen befreiten Lösungen, in welchen sich
manchmal die Titansäure bereits flockig auszuscheiden beginnt [3]),

---

[1]) Vgl. Ledebur, Leitfaden für Eisenhüttenlaboratorien, Aufl. 9,
S. 145.

[2]) Nach amerikanischen Berichten glaubt man durch diese Titanzuschläge auch den schädlichen Stickstoff aus dem Stahl entfernen zu
können.

[3]) Nach Ledebur wird die Titansäure gerade durch die Eisensalze
in Lösung gehalten.

werden vereinigt, zur Trockene eingedampft, der Rückstand
wird mit HCl befeuchtet, in Wasser gelöst und die ausgeschiedene
Titansäure abfiltriert, ausgewaschen, geglüht und als $TiO_2$ gewogen.

$TiO_2$ enthält 60,12 % Ti.

### 2. Ferrotitan.

0,5 g Ferrotitan werden mit 6 g $NaKCO_3$ in einem Platintiegel innig gemischt, in dem man vorher etwas Aufschlußmasse
eingeschmolzen hat, um zu verhindern, daß das Ferrotitan den
Platintiegel angreift.

Nach beendetem Aufschluß entfernt man den Kuchen nach
Möglichkeit aus dem Platintiegel und durchfeuchtet die Schmelze
mit möglichst wenig $H_2O$ bis zum Aufweichen. Die Masse läßt
sich leicht mit einem Glasstab zerstoßen und löst sich jetzt leicht
in heißer konzentrierter HCl.

Die Reduktion mit Zink und die Titration mit $FeCl_3$-Lösung
(Titerlösung Nr. 6 S. 172) geschieht in derselben Weise, wie bei
der Ti-Bestimmung in Erzen beschrieben ist.

## N. Stickstoff im Stahl.

Der Stickstoff ist im Stahl wahrscheinlich in Form von
Nitriden vorhanden. Er macht das Eisen in ähnlicher Weise
wie Sauerstoff rotbrüchig. Seine Bestimmung ist vor allem
deshalb von Interesse, weil man aus seiner Menge mit einiger
Gewißheit schließen kann, ob ein vorliegendes Material im Siemens-
Martinofen oder im Konverter gewonnen worden ist. Das letztere
Erzeugnis enthält nämlich immer viel mehr Stickstoff als das
erstere. Soweit bekannt, beträgt der Stickstoffgehalt maximal
0,06 %.

Die Bestimmung des Stickstoffs beruht darauf, daß beim
Lösen des Eisens in verdünnter Schwefelsäure der gebunden
vorliegende Stickstoff durch die reduzierende Wirkung des
nascierenden Wasserstoffes in Ammoniak überführt wird. Man
braucht daher nur die Menge des gebildeten Ammoniaks festzustellen. Das Lösen des Stahles geschieht in einem Rundkolben
von 500 ccm Inhalt. Der Kolben wird durch einen doppelt durchbohrten Gummistopfen verschlossen. Eine Bohrung trägt einen

Destillationsaufsatz mit Ableitungsrohr, die andere einen Scheidetrichter, der bis an den Boden des Kolbens geht. Die Einwage beträgt 10 g. Man läßt zunächst 20 ccm Wasser durch den Scheidetrichter zufließen, erwärmt und fügt nach und nach so viel verdünnte $H_2SO_4$ (1,1) hinzu, als gerade zur Auflösung notwendig ist.

Das Ableitungsrohr taucht man jetzt in eine Vorlage, welche mit 25 ccm $^1/_{10}$ Normal-$H_2SO_4$ beschickt ist. Diese Menge Schwefelsäure ist vollständig ausreichend zur Absorption des freiwerdenden Ammoniaks. Wie eine einfache stöchiometrische Ausrechnung ergibt, genügen bei einer Einwage von 10 g Stahl und einem Stickstoffgehalt von 0,06 % bereits 4—5 ccm $^1/_{10}$ Normal-Schwefelsäure (Titerlösung Nr. 9 S. 173).

Dann läßt man durch den Scheidetrichter so viel NaOH-Lösung (50proz.) zulaufen, bis die Lösung stark alkalisch ist. Zum Übertreiben des $NH_3$ wird der Zersetzungskolben zum langsamen Sieden erhitzt und so lange darin erhalten, bis die Flüssigkeit stark eingeengt ist. Man ist so sicher, daß alles $NH_3$ herausdestilliert ist.

Die Menge des frei gewordenen und in der Vorlage gebundenen Ammoniaks wird dann durch Resttitration der unverbrauchten vorgelegten $^1/_{10}$ Normal-Schwefelsäure mit $^1/_{10}$ Normal-Natronlauge bestimmt (Titerlösung Nr. 10, S. 174).

1 ccm der durch Ammoniak neutralisierten Schwefelsäure entspricht 0,014 % Stickstoff bei 10 g Einwage.

Da es sich bei dieser Stickstoff- bzw. Ammoniakbestimmung immer um sehr geringe Mengen handelt, so ist es selbstverständlich, daß das Lösen des Stahls ebenso wie die Destillation in einem Raum vorgenommen werden muß, in dem Ammoniakdämpfe ausgeschlossen sind. Ferner hat man sich auch durch einen Blindversuch davon zu überzeugen, daß die angewandten Reagenzien ammoniakfrei sind.

## O. Schlackeneinschlüsse im Stahl[1]).

Methode von Eggertz. 10 g Bohrspäne werden in einem durch Eis gekühlten Becherglase mit 50 ccm eiskaltem, ausge-

---

[1]) Siehe Bericht der Chemiker-Kommission des Vereins deutscher Eisenhüttenleute Nr. 12, 25. März 1912.

kochten $H_2O$ übergossen und 60 g reines Jod hinzugefügt. Die Späne werden unter ständigem Umrühren gelöst und dann wird zur Zersetzung der Phosphide noch kurze Zeit auf dem Wasserbad erhitzt. Nach dem Abkühlen verdünnt man mit 200 ccm luftfreiem $H_2O$, läßt absitzen und filtriert durch einen Neubauer-Tiegel, wäscht zuerst mit ganz verdünnter HCl bis zum Verschwinden der Eisenreaktion, dann mit heißem Wasser, trocknet und wägt. Jetzt wird der Rückstand aus dem Tiegel entfernt und durch Verbrennen im Sauerstoffstrome der Kohlenstoff bestimmt. Zieht man diesen vom Gewichte des getrockneten Rückstandes ab, so erhält man den Schlackengehalt des Stahls.

# 3. Schlacken.

Vom Standpunkt des Analytikers kann man die Schlacken, welche in den Eisenhütten als Nebenprodukte erhalten werden, in eisenreiche, eisenärmere und eisenarme einteilen. Zu den eisenreichen gehören z. B. der Hammerschlag, die Puddelofen-, Schweißofen-, Rollofen-, Wellmannofen-, Bessemer- und Frischofen-Schlacken, zu den eisenärmeren die Martinofen- und Thomas-Schlacken, zu den eisenarmen die Hochofenschlacke.

## A. Eisenreiche Schlacken.

### a) Allgemeines.

Sie enthalten als Hauptbestandteil Fe, und zwar kann dasselbe vorliegen als FeO allein oder als FeO und $Fe_2O_3$ oder als Fe neben FeO oder als Fe neben FeO und $Fe_2O_3$. Weitere Bestandteile der Schlacke können sein $SiO_2$, $Al_2O_3$, P, Mn, CaO, MgO und S, seltener Ti, V, Cr, Cu, Zn, Pb.

Die vollständige Analyse sowie die Einzelbestimmungen der eisenreichen Schlacke werden so durchgeführt wie bei den Erzen. Auf Ba braucht fast ausnahmslos keine Rücksicht genommen zu werden, wohl aber ist nicht zu übersehen, daß bei einigen Schlacken ein großer Teil sich nur unvollständig in Säuren löst und deshalb aufgeschlossen werden muß.

### b) Spezielles.

### 1. Bestimmung von metallischem Fe und Fe O nebeneinander.

Die Bestimmung dieser beiden nebeneinander bietet keine Schwierigkeiten. Man bestimmt in einer Einwage das Gesamt-Fe nach der bei den Erzen beschriebenen Weise; in einer zweiten Einwage bestimmt man das metallische Fe. Man behandelt 2—5 g Schlackenprobe in einem Becherglase mit einer Lösung von $CuSO_4$. Es findet folgende Umsetzung statt:

$$Fe + CuSO_4 = FeSO_4 + Cu,$$

d. h. es scheidet sich eine dem vorhandenen metallischen Fe äquivalente Menge Cu ab. Diese wird bestimmt und daraus nach obiger Gleichung, da 63,1 Teile Cu 55,5 Teilen Fe entsprechen, das metallische Fe berechnet.

Am einfachsten führt man diese Bestimmung in folgender Weise durch. Man macht sich eine Cu-Lösung durch Auflösen von 10 g kristallisiertem Kupfervitriol in 1 Liter $H_2O$ und bestimmt elektrolytisch ganz genau den Gehalt der Lösung an Cu. Von dieser Cu-Lösung nimmt man einen aliquoten, hinreichenden Teil, behandelt damit die Schlacke, wozu einige Stunden erforderlich sind. Dann spült man die Lösung und den Rückstand in einen Meßkolben von 500 oder 1000 ccm, wie es am passendsten ist, füllt bis zur Marke, schüttelt gut durch, filtriert durch ein trockenes Filter in ein trockenes Becherglas, nimmt einen aliquoten Teil und bestimmt (nach vorheriger Abscheidung des Cu als CuS) das Cu elektrolytisch und berechnet es aufs Ganze. Durch Differenz findet man dann die Menge Cu, welche die Cu-Lösung verloren hat und in metallisches Cu überführt worden ist.

Man kann auch das gefällte Cu selbst direkt bestimmen. Es muß dann mit dem Rückstande abfiltriert und ganz besonders gut ausgewaschen werden.

### 2. Bestimmung von metallischem Fe, Fe O und $Fe_2 O_3$ nebeneinander [1]).

Diese Bestimmungen bieten schon mehr Schwierigkeiten als die vorigen. Zuerst bestimmt man das Gesamt-Fe und das

---

[1]) Siehe Neumann, Stahl u. Eisen 1905, S. 18.

metallische Fe. Eine dritte Einwage löst man in verdünnter $H_2SO_4$, fängt den entwickelten H auf, mißt ihn und titriert gleichzeitig das Fe in der erhaltenen Lösung. Bei dieser Titration bestimmt man das metallische Fe, ferner das Fe, das in Form von FeO vorhanden ist und außerdem diejenige Menge aus dem $Fe_2O_3$, welche durch den entwickelten H reduziert worden ist. Aus dem Gehalte an metallischem Fe errechnet man, wieviel H sich durch Behandeln mit verdünnter $H_2SO_4$ entwickeln würde und zieht davon die H-Menge ab, die sich wirklich entwickelt hat. Diese Differenz gibt uns jene H-Menge, welche zur Reduktion von $Fe_2O_3$ verwendet worden ist. Wir können also auch die entsprechende Menge Fe berechnen. Zieht man von der Fe-Menge, die man durch Titration der schwefelsauren Lösung erhalten hat, dieses Fe ab, so erhält man die Summe von Fe in Form von metall. Fe und FeO, woraus jedes einzelne berechnet werden kann, da wir die Menge des metallischen Fe in einer besonderen Einwage bestimmt haben. Diese Summe, abgezogen von dem Gesamt-Fe, gibt uns jenes Fe, das in Form von $Fe_2O_3$ vorhanden ist.

Da für die Bewertung der eisenreichen Schlacken der Gesamt-Eisengehalt in Betracht kommt, ist dem analytisch gefundenen Fe-Gehalt der Fe-Gehalt der Granalien hinzuzurechnen, und zwar wird bei dieser Rechnung angenommen, daß die Granalien 90 % Fe enthalten.

Um Irrtümer in der Berechnung zu vermeiden, sei folgendes Beispiel angeführt.

In der Probe sind z. B. an Granalien vorhanden 1,10 % mit 90 % Fe, daher Fe aus den Granalien 0,99 %.

Analytisch bestimmtes Fe: 44,20 %. Diese 44,20 % sind enthalten in 100—1,10 Teilen, also in 98,90 Teilen, mithin beträgt der Prozentgehalt der ursprünglichen Probe an analytischem Fe 43,71 %. Der Gesamt-Fe-Gehalt der Schlacke ergibt sich aus der Addition dieses analytischen Fe und des Granalien-Fe, also 43,71 + 0,99 = 44,70 % Geasmt-Fe.

## B. Eisenärmere Schlacken.

Die eisenärmeren Schlacken, zu denen die Martin- und Thomasschlacken sowie das aus letzteren hergestellte Thomasmehl der Hauptsache nach gehören, hat man betreffs Analyse in 2 Gruppen zu scheiden.

1. Die erste faßt in sich die

### Martinschlacken

(ausgenommen die den Thomasschlacken entsprechenden Hösch-schlacken), welche genug Fe enthalten, daß $P_2O_5$ vollständig daran gebunden werden kann. Diese werden, insoweit die vollständige Analyse in Betracht kommt, genau so behandelt wie die Fe-reichen Schlacken.

2. Die zweite Gruppe, die

### Thomasschlacken

bzw. das Thomasmehl, enthält nicht genug Fe, als zur Bindung für die ganz $P_2O_5$ notwendig ist. Deshalb muß eine kleine Änderung im Analysengang gemacht werden, wie es bei der Analyse der Thomasschlacke und des Thomasmehls genauer angegeben ist.

### Thomasschlacke und Thomasmehl.

Der Gang für die vollständige Analyse ist bei der Thomasschlacke und beim Thomasmehl der nämliche wie bei Erzen, nur sind einige Umstände besonders zu berücksichtigen. Der wie bei den Erzen erhaltene Rückstand kann direkt als $SiO_2$ angenommen werden.

In dem Filtrate vom Rückstand wird wie bei den Erzen Fe, Al, P und Mn getrennt und bestimmt. Bei der Phosphorsäure ist aber zu beachten, daß sie nicht ganz bei der Trennung mit essigsaurem Ammon herausfällt, da zu ihrer Bindung nicht genug Fe vorhanden ist. Es kann eine genau bekannte Menge Fe-Lösung hinzugefügt werden, welche zur Bindung der Phosphorsäure hinreicht und dann bei der Berechnung der $Al_2O_3$ natürlich zu berücksichtigen ist. Unbedingt notwendig ist das Hinzufügen der Fe-Lösung aber nicht. Man muß nur später die Fällung des CaO mit oxalsaurem Ammon in essigsaurer Lösung vornehmen, weil dann kein phosphorsaurer Kalk und kein Magnesium mitfällt.

Das MgO wird wie gewöhnlich gefällt.

Zur Beurteilung über den Wert werden bei der Thomasschlacke und beim Thomasmehl die Bestimmungen der Gesamt-$P_2O_5$ und der sogenannten zitronensäurelöslichen $P_2O_5$ verlangt.

### a) Gesamt-Phosphorsäure.

Die Gesamt-$P_2O_5$-Bestimmung kann wie bei den Erzen erfolgen. Im Verkehr mit den Thomasmühlen und den landwirtschaftlichen Abnehmern ist jedoch meistens folgende Methode vorgeschrieben.

5 g Thomasmehl oder Thomasschlacke werden am besten in einem Philippskolben von 1 Liter Inhalt mit Wasser durchfeuchtet. Dann fügt man 5 ccm verdünnte $H_2SO_4$ (1 : 1) und nach dem Durchmischen 25 ccm konzentrierte $H_2SO_4$ hinzu, erhitzt, bis sich weiße Dämpfe entwickeln und dem Aussehen nach die Schlacke ganz zersetzt ist. Alsdann kühlt man ab, verdünnt vorsichtig mit kaltem Wasser und spült mit Wasser in einen Meßkolben von 500 ccm über, füllt bis zur Marke, schüttelt gut durch, filtriert durch ein trockenes Faltenfilter in ein trockenes Becherglas und nimmt vom Filtrate 50 ccm = 0,5 g ab. Dann setzt man 50 ccm einer Lösung von ammoniakalischem zitronensaurem Ammon (Lösung 9. S. 167) zu, kühlt ab, versetzt mit 25 ccm Magnesiamixtur (Lösung 8, S. 166) und reibt sofort mit einem Glasstab, welcher am unteren Ende mit einem Stückchen Kautschukschlauch versehen ist. Unterläßt man das, so fällt der Niederschlag grob kristallinisch heraus und die Resultate fallen zu niedrig aus. Nach 1 Stunde wird filtriert, mit 3 proz. $NH_3$ ausgewaschen, geglüht und gewogen. Das Glühen muß anfangs bei schwacher Rotglut erfolgen, sonst bleibt der Niederschlag grau, und es gelingt auch bei sehr hoher Temperatur nicht mehr, ihn weiß zu erhalten. Für die Genauigkeit hat allerdings der graue Farbenton wenig Belang.

$$Mg_2P_2O_7 \text{ enthält } 63{,}76 \text{ \% } P_2O_5.$$

### b) Zitronensäurelösliche Phosphorsäure.

Man wägt 5 g in eine Schüttelflasche von 0,5 Liter Inhalt mit einer Marke am Halse ab, setzt dazu 5 ccm Alkohol, damit das Probepulver nicht zusammenballt, dann 500 ccm 2 proz. Zitronensäurelösung (Lösung Nr. 10, S. 167), schließt mit einem Gummistopfen und schüttelt 30 Minuten in einem Rotierapparat nach P. Wagner [1]) (Fig. 9), bei 40 Umdrehungen in der Minute. Man filtriert sofort durch ein trockenes Filter unter Vernach-

---

[1]) Der Apparat wird in den Handel gebracht von Ehrhard & Metzger Nachf., Darmstadt.

lässigung der ersten trüben Flüssigkeit und nimmt 50 ccm = 0,5 g ab. In den Fällen, wo man es mit Schlacke oder Mehl von bekannter Herkunft zu tun hat, und wo früher schon festgestellt worden ist, daß der $SiO_2$-Gehalt nicht beeinflussend wirkt, wendet man die direkte Fällungsmethode an. Man versetzt mit 50 ccm ammoniakalischer Ammoniakzitratlösung (Lösung 9, S. 167), dann mit 25 ccm Magnesiamixtur und verfährt weiter wie bei der Gesamt-$P_2O_5$-Bestimmung, nur gibt man in das Filter etwas

Fig. 9.

Filterschleim von aschenfreiem Filterpapier, da der Niederschlag sonst leicht trübe durchgeht.

Ist ein $SiO_2$-Gehalt vorhanden, der schädlich wirkt, so nimmt man eine Zwischenfällung mit molybdänsaurem Ammon vor. Man nimmt gleichfalls 50 ccm der durch Schütteln erhaltenen Lösung, versetzt sie mit 140 ccm molybdänsaurem Ammon (Lösung 4, S. 166), läßt bei 40—50⁰ absitzen, filtriert, wäscht mit 1 proz. $HNO_3$ vollständig aus, löst den Niederschlag in $NH_3$ (1 : 3) in dasselbe Glas zurück, stumpft das überschüssige $NH_3$ mit HCl ab und fällt kalt mit 25 ccm Magnesiamixtur, setzt dann ein Drittel der Flüssigkeit an konzentriertem $NH_3$ zu, filtriert nach einer Stunde, wäscht mit 3 proz. $NH_3$ aus, glüht und wägt.

## C. Eisenarme Schlacken.

Dahin gehört vor allem die Hochofenschlacke. Diese enthält bei normalem Hochofengang wenig P aber auch wenig Fe und viel $Al_2O_3$. Deshalb verläßt man die Azetatmethode, da $Al_2O_3$ schwer herausfällt und wegen der schleimigen Beschaffenheit des Niederschlages sich sehr schlecht filtrieren läßt. Folgende Methode führt gut und schnell zum Ziele.

1 g der fein geriebenen Schlacke wird mit $H_2O$ gut durchfeuchtet, in HCl (1,19) gelöst, mit $HNO_3$ (1,4) oxydiert. Setzt sich die gelatinös ausgeschiedene $SiO_2$ fest an den Boden, so muß sie vor dem Abdampfen mittels eines Glasstabes gut verrieben werden. Die Lösung wird wie sonst abgedampft und einige Zeit bei 150⁰ erhitzt, mit HCl aufgenommen, mit Wasser verdünnt und filtriert. Der Rückstand ist $SiO_2$. In selteneren Fällen, wenn die $SiO_2$ durch $TiO_2$, die fast vollständig im Rückstand bleibt, verunreinigt ist, wird sie durch Abrauchen mit F und Wägen des zurückgebliebenen ausgeglühten Rückstandes bestimmt. Das Filtrat wird mit kaltem Wasser verdünnt, mit $NH_3$ ganz schwach ammoniakalisch gemacht, bis zum beginnenden Aufwallen erhitzt, absitzen gelassen, sofort filtriert und mit heißem Wasser ausgewaschen. Der Niederschlag wird mit dem Filter in das Becherglas zurückgebracht, mit HCl (1,19) so lange unter wiederholtem Umschütteln erhitzt, bis das Filter sich in einzelne Fasern zersetzt, sich aber nicht braun gefärbt hat. Dann wird die Fällung mit $NH_3$ wie früher wiederholt. Der ausgeglühte Niederschlag besteht aus $Al_2O_3 + Fe_2O_3$ mit so geringen Mengen $P_2O_5$, daß sie vernachlässigt werden können. Das Fe ist in besonderer Einwage zu bestimmen und als $Fe_2O_3$ in Abzug zu bringen.

Die beiden Filtrate werden vereinigt und der gewöhnliche Gang der Fällung von Mn, Ca und Mg findet wieder Anwendung.

## 4. Feuerfeste Steinmaterialien.

### A. Vollständige Analyse.

**Bestimmung der $SiO_2$ und der Basen ausschließlich Alkalien.**

1 g der aufs feinste geriebenen und getrockneten Probe werden mit 20 g $NaKCO_3$ sehr gut gemischt und in einem Platintiegel mit aufgelegtem Deckel so lange bei heller Rotglut ge-

schmolzen, bis die Schmelze ganz ruhig fließt, was für gewöhnlich
2 Stunden dauert. Der heiße Tiegel wird mit dem Boden in kaltes
Wasser eingetaucht, da sich dann der Schmelzkuchen durch
sanftes Drücken an den Wandungen des Tiegels leicht daraus
entfernen läßt. Man gibt nun den Kuchen in eine Porzellanschale,
am besten mit ganz ebenem Boden von 145 mm Durchmesser
und 100 mm Höhe, bringt auch den Rest der Schmelze aus dem
Tiegel durch verdünnte heiße HCl in die Schale [1]), die mit einem
Uhrglas bedeckt worden ist. Sodann fügt man HCl (1,19) bis
zur vollständigen Lösung hinzu.

Es dürfen nur Flöckchen von ausgeschiedener gelatinöser
$SiO_2$ in der Flüssigkeit sein, aber kein sandiges Pulver, sonst
war der Aufschluß ein unvollständiger. In diesem Falle ist es
am besten, die Probe noch feiner zu reiben und auch noch längere
Zeit unter wiederholtem Umschwenken des Tiegels bei höherer
Temperatur zu schmelzen.

Die Flüssigkeit wird in der Porzellanschale vorsichtig
zur Trockene abgedampft und während 3 Stunden auf
$150^0$ C erhitzt. Dann durchfeuchtet man mit HCl (1,19), verdünnt mit heißem Wasser, filtriert auf ein aschenfreies Filter,
wäscht mit verdünnter HCl und mit heißem Wasser aus. Da
nach einmaligem Abdampfen und Erhitzen die $SiO_2$ nicht vollständig abgeschieden ist, muß das Filtrat nochmals abgedampft
und erhitzt werden. Es wird dann wieder mit HCl durchfeuchtet,
mit $H_2O$ verdünnt und der ausgeschiedene Rest von $SiO_2$ auf das
erste Filter gebracht. Die mit verdünnter HCl und nachher mit
heißem Wasser gut ausgewaschene $SiO_2$ wird in einem Platintiegel bei heller Rotglut ausgeglüht und gewogen.

Die $SiO_2$ wird dann nach dem Durchfeuchten mit $H_2O$,
mit HF und $H_2SO_4$ verflüchtigt und der nach dem Glühen verbliebene Rest, der fast nur aus $Al_2O_3$ mit Spuren von $Fe_2O_3$
besteht und als solche angenommen werden kann, von dem
Gewichte in Abzug gebracht.

Das Filtrat von der $SiO_2$ fällt man in der Kälte mit einem
ganz schwachen Überschuß von $NH_3$, kocht auf, läßt absitzen,
filtriert und wäscht einigemal mit heißem Wasser aus. Um den

---

[1]) Es eignen sich dafür besonders im Handel erhältliche grünglasierte
Schalen, bei denen man auf dem dunklen Untergrund die ausgeschiedene
$SiO_2$ leicht erkennen kann.

Niederschlag leicht alkalienfrei zu bekommen, wird er mit dem Filter in das frühere Becherglas zurückgebracht, mit HCl (1,19) übergossen und nur so lange unter oftmaligem Umschwenken erhitzt, bis das Filter sich in einzelne Fasern zerteilt hat, aber nicht braun geworden ist. Sodann verdünnt man mit kaltem Wasser, wiederholt die $NH_3$-Fällung wie oben, erhitzt bis zum Kochen, läßt wieder absitzen und filtriert zu dem früheren Filtrate dazu. Nachdem man den Niederschlag vollständig aufs Filter gebracht und einige Mal ausgewaschen hat, stellt man ein anderes Becherglas darunter und wäscht bis zum Verschwinden der Cl-Reaktion. Der Niederschlag wird getrocknet und dann in dem Tiegel von der $SiO_2$ mit dem kleinen Rückstand bis zu konstantem Gewicht stark geglüht. Er besteht aus $Al_2O_3$ und $Fe_2O_3$. In einer separaten Probe wird, wie später beschrieben ist, das Fe bestimmt und auf $Fe_2O_3$ umgerechnet. Aus der Differenz erhält man die $Al_2O_3$.

Das Filtrat von $Al_2O_3$ und $Fe_2O_3$ wird sofort mit Essigsäure schwach angesäuert, konzentriert [1]), und dann in Kochhitze darin durch oxalsaures Ammon der Kalk als oxalsaurer Kalk gefällt, filtriert, mit heißem Wasser gewaschen, ausgeglüht und gewogen als CaO.

Das Filtrat vom Kalk läßt man gut abkühlen, macht es stark ammoniakalisch und fällt die MgO mit Magnesiamixtur als phosphorsaure Ammon-Magnesia. Nach Filtration und Auswaschen mit 3proz. $NH_3$-Lösung wird sie geglüht und als $Mg_2P_2O_7$ gewogen. $Mg_2P_2O_7$ enthält 36,24 % MgO.

## B. Eisen.

3—5 g werden in einer Platinschale mit HF bei Gegenwart von $H_2SO_4$ aufgeschlossen, in ein Becherglas übergespült, mit HCl vollständig in Lösung gebracht. Dann setzt man genügend Weinsäure zu, macht ammoniakalisch, wobei keine Fällung ent stehen darf, fällt mit Schwefelammon das Fe als FeS, filtriert, wäscht mit schwefelammonhaltigem Wasser aus, glüht den Niederschlag schwach, löst ihn in HCl und titriert nach der Reinhardtschen Methode.

---

[1]) Ammoniakalische Flüssigkeiten dürfen in Glasgefäßen nicht kon- zentriert werden, da sie das Glas stark angreifen.

Bestimmt man auch die Alkalien, so kann man den Niederschlag, welcher $Al_2O_3$ und $Fe_2O_3$ enthält, für die Fe-Bestimmung nehmen, indem man ihn in HCl löst und weiter nach Zusatz von Weinsäure wie oben behandelt.

Der ausgeglühte Niederschlag von $Al_2O_3$ und $Fe_2O_3$ kann auch für die Fe-Bestimmung genommen werden. Da er sich in HCl sehr schwer löst, ist er durch Behandeln mit $NaKCO_3$ vorher aufzuschließen.

## C. Alkalien.

3 g werden in einer Platinschale mit HF und $H_2SO_4$ aufgeschlossen und bis zum fast vollständigen Abrauchen der $H_2SO_4$ abgedampft, dann in HCl gelöst (es muß dabei klare Lösung erfolgen), in ein Becherglas übergespült und möglichst weit konzentriert, so daß nur wenig freie Säure zurückbleibt. Dann wird mit Wasser verdünnt, mit einem geringen Überschuß von $NH_3$ und einigen Körnchen oxalsaurem Ammon gefällt. Der mit $H_2O$ ausgewaschene Niederschlag von Fe, Al und Ca wird nochmals in HCl gelöst, die Fällung wiederholt. Die vereinigten Filtrate werden in einer Porzellanschale zur Trockene abgedampft und die Schale so lange an der heißesten Stelle des Herdes erhitzt, bis sämtliche Ammonsalze sich verflüchtigt haben. Der verbliebene Rückstand wird in $H_2O$ gelöst, kalt mit überschüssiger $Ba(OH)_2$-Lösung versetzt, um Magnesium zu fällen. Die vom Niederschlag abfiltrierte Flüssigkeit wird schwach salzsauer gemacht, zum Kochen erhitzt und das überschüssige $Ba(OH)_2$ mit $H_2SO_4$ in geringem Überschusse gefällt. Das Filtrat von $BaSO_4$ dampft man zur Trockene, löst in wenig heißem Wasser, filtriert, wenn nötig, in eine gewogene Platinschale, dampft ab, überdeckt die schwefelsauren Salze, die noch saure schwefelsaure Salze enthalten, mit gepulvertem kohlensaurem Ammon, erhitzt zur Verflüchtigung desselben, glüht und wiederholt das dreimal. Dann wägt man die schwefelsauren Alkalien, löst in etwas heißem Wasser und filtriert. Das noch Ungelöste glüht man in derselben Platinschale aus, wägt und bringt es in Abzug. In der Lösung der schwefelsauren Alkalien bestimmt man die $H_2SO_4$ durch Fällen mit $BaCl_2$. Man rechnet das ausgeglühte und gewogene $BaSO_4$ auf $SO_3$ um. Die $SO_3$ wird von den schwefelsauren Alkalien in Abzug gebracht und gibt uns als Differenz $Na_2O + K_2O$, deren Summe für die Beurteilung des feuerfesten Materials ausreicht.

# 5. Dolomit.

Vollständige Analyse. 5 g werden in 50 ccm HCl (1,19) aufgelöst, mit mehreren Tropfen $HNO_3$ (1,4) oxydiert, zur Trockene abgedampft und 1—2 Stunden schwach geröstet, mit HCl (1,19) durchfeuchtet, mit $H_2O$ verdünnt, filtriert und mit verdünnter HCl und zum Schlusse mit heißem $H_2O$ gut ausgewaschen. Der Rückstand wird dann geglüht, gewogen, mit $H_2O$ und HF abgeraucht, geglüht und wieder gewogen. Die Differenz beider Wägungen ergibt $SiO_2$.

Der nach dem Abrauchen mit HF verbliebene geringe Rückstand wird in HCl (1,19) gelöst und mit dem ersten Filtrate vereinigt. In dieser Lösung, die stark $NH_4Cl$-haltig sein muß, fällt man Fe und Al mit $NH_3$, bringt den Niederschlag in Lösung und wiederholt die Fällung. $Fe_2O_3 + Al_2O_3$ wird gewöhnlich zusammen angegeben. Wenn sie einzeln verlangt werden, ist der ausgeglühte Niederschlag durch Schmelzen mit $KHSO_4$ aufzuschließen, mit HCl in Lösung zu bringen und das Fe durch Titration zu bestimmen. Fe umgerechnet auf $Fe_2O_3$ und dieses von $Fe_2O_3 + Al_2O_3$ abgezogen, ergibt $Al_2O_3$.

Die vereinigten Filtrate von Fe und Al werden auf 1 Liter gebracht und davon 100 ccm $= 0,5$ g abgenommen. Dieser aliquote Teil wird kochend heiß mit oxalsaurem Ammon gefällt, der filtrierte oxalsaure Kalk in HCl gelöst, die Lösung ammoniakalisch gemacht, wobei der Niederschlag wieder herausfällt. Man kocht auf und filtriert. Der oxalsaure Kalk, welcher vollständig mit heißem Wasser ausgewaschen sein muß, wird in verdünnter $H_2SO_4$ gelöst und mit $KMnO_4$-Lösung titriert [1]).

Die Filtrate vom CaO werden stark ammoniakalisch gemacht und darin wie bei den Erzen das Magnesium gefällt und bestimmt.

# 6. Flußspat.

Gewöhnlich wird nur die Bestimmung des F und des CaO verlangt.

## A. Fluor.

1 g der fein geriebenen und bei $100^0$ C getrockneten Probe wird mit der doppelten Menge Seesand und der 6—8fachen

---

[1]) Siehe Gesamtanalyse in Erzen.

$NaKCO_3$ fein verrieben in einen hohen Platintiegel gebracht und über einem Bunsenbrenner aufgeschlossen. Das Erhitzen muß anfangs der heftigen $CO_2$-Entwickelung wegen sehr vorsichtig erfolgen, da sonst ein Überschäumen der Schmelze eintreten kann. Ferner darf die Temperatur nicht zu hoch gesteigert werden. damit sich keine Alkalifluorsilikate verflüchtigen. Die Schmelze wird anfangs dünn- und später dickflüssig. Sobald sie dickflüssig erscheint, erhitzt man bei schwacher Rotglut 15 bis 20 Minuten und läßt erkalten. Man laugt mit kaltem Wasser aus und spült in einen 500 ccm fassenden Meßkolben über. Alsdann versetzt man die Lösung mit 4—8 g festem Ammoniumkarbonat zwecks Abscheidung der $SiO_2$ und läßt über Nacht stehen. Man füllt bis zur Marke auf, schüttelt um, filtriert durch ein trockenes Filter und nimmt einen aliquoten Teil in eine größere Platinschale ab. Den abgenommenen Teil verdampft man auf dem Wasserbade bis fast zur Trockene. Anfangs findet eine heftige $CO_2$-Entwickelung statt, die man durch vorsichtiges Erwärmen mildern kann. Den abgedampften Rückstand nimmt man mit kaltem Wasser auf und neutralisiert die Lösung unter Zugabe von Phenolphtalein mit ungefähr $^2/_1$ normaler HCl, kocht auf und führt die Neutralisation mit der größten Vorsicht in der Siedehitze zu Ende, das heißt, bis zum Verschwinden der roten Färbung. Der geringste Überschuß von HCl ist aufs peinlichste zu vermeiden, weil sonst HF frei gemacht wird und sich verflüchtigt.

Ist die Neutralisierung erfolgt, so setzt man 2—3 ccm Zinkoxydammoniaklösung (Lösung 13, S. 167) zwecks Abscheidung der letzten Spuren $SiO_2$ als Zinksilikat zu und kocht bis zum Verschwinden des Ammoniakgeruches, was von größter Wichtigkeit ist. Der aus $ZnSiO_3$ und $Zn(OH)_2$ bestehende Niederschlag wird mit heißem $H_2O$ ausgewaschen, das Filtrat bis zum Sieden erhitzt und mit konzentrierter $CaCl_2$-Lösung versetzt, wobei die F-Verbindungen als $CaF_2$ ausfallen. Der Niederschlag, der nur geringe Mengen von $CaCO_3$ enthält, wird abfiltriert, mit heißem $H_2O$ ausgewaschen, getrocknet und in einer Platinschale verascht, mit einem Glasstabe fein verrieben, mit ganz verdünnter Essigsäure befeuchtet und auf dem Wasserbade bis zur Trockene eingedampft. Man nimmt hierauf mit heißem Wasser auf, wobei alles CaO als Azetat in Lösung geht. Der Rückstand, der nur aus $CaF_2$, besteht, wird abfiltriert, mit heißem Wasser ausgewaschen, getrocknet, geglüht und gewogen.

$CaF_2$ enthält 48,72 % F.

## B. Calciumoxyd.

Der Aufschluß hierbei erfolgt genau so wie bei der F-Bestimmung. Nach dem Auslaugen der Schmelze mit kaltem $H_2O$ wird filtriert und mit $H_2O$ ausgewaschen. Den Niederschlag löst man in HCl auf, scheidet die $SiO_2$ durch Rösten ab und bestimmt das CaO in bekannter Weise nach vorheriger Abscheidung von Fe und $Al_2O_3$.

# 7. Hochofen-Nebenprodukte.

Bei der Verhüttung von Erzen, die bemerkenswerte Mengen von Zink und Blei enthalten, wird ein kleiner Teil beider wieder gewonnen und zwar das Zink in Form eines ZnO-haltigen feinen Staubes, der von den Hochofengasen mitgenommen wird und sich in den Gas-Reinigungsapparaten absetzt. Der feine Staub enthält bis 50 % Zink und bildet dann ein wertvolles Zinkerz. Weitere durch ihren Zinkgehalt wertvolle Nebenprodukte bilden der Ofenbruch und der Mauerschutt von solchen Hochöfen, in denen längere Zeit hindurch Zn-haltige Erze verhüttet worden sind.

Das Blei, soweit es zu Metall reduziert worden ist, sammelt sich im Hochofen wegen seines hohen spezifischen Gewichtes unter dem geschmolzenen Roheisen und sickert durch kleine, eigens für diesen Zweck am Bodenstein angebrachte Kanäle hindurch, wird aufgefangen und in Formen gegossen. Es enthält fast ausnahmslos einen höheren Gehalt an Silber.

## A. Zinkhaltiger Gichtstaub.

Darin wird bestimmt:

1. **Feuchtigkeit.** 300—500 g werden bei annähernd $100^0$ C getrocknet, der Gewichtsverlust bestimmt und auf Prozente umgerechnet.

2. **Zink.** Je nach dem zu erwartenden Zn-Gehalt werden 0,5—1 g der getrockneten, fein geriebenen Probe nach dem Durchfeuchten mit $H_2O$ in HCl (1,19) gelöst, mit einigen Tropfen $HNO_3$

(1,4) oxydiert, mit 20—25 ccm verdünnter $H_2SO_4$ (1 : 1) versetzt und bis zum starken Abrauchen abgedampft. Man gibt dann vorsichtig kaltes $H_2O$ dazu, kocht, filtriert und wäscht das Ungelöste mit heißem Wasser gut aus. Das Filtrat läßt man erkalten und fällt mit $NH_3$ und Bromwasser Fe, Al und Mn. Nach mehrstündigem Absitzen kocht man auf, filtriert die noch immer stark ammoniakalische Flüssigkeit und wäscht mit heißem Wasser aus. Dann löst man in HCl und wiederholt die Fällung nochmals. Die beiden vereinigten und nötigenfalls konzentrierten Filtrate werden essigsauer gemacht und heiß durch $H_2S$ das Zn herausgefällt. Nach dem Absitzen filtriert man auf ein Filter über aufgeschlämmten Filterschleim, der von aschenfreien Filtern herrührt, und wäscht mit heißem $NH_4NO_3$-haltigem $H_2O$ gut aus. Der Niederschlag wird in einem Porzellantiegel bei mäßiger Rotglut bis zum konstanten Gewicht zu ZnO geglüht. Dieses muß reinweiß sein. Ist das nicht der Fall, so löst man es nach dem letzten Auswägen in verdünnter HCl auf, fällt mit $NH_3$, filtriert und wäscht den kleinen Niederschlag gut aus. Ist das Filtrat schwach blau gefärbt, wird es stark salzsauer gemacht und das Cu gefällt. Der abfiltrierte gut ausgewaschene Niederschlag wird mit dem vorigen zusammengeglüht und gewogen. Dieses Gewicht wird von dem früher ausgewogenen ZnO in Abzug gebracht.

ZnO enthält 80,35 % Zn.

3. **Sulfid - Schwefel.** Eine Bestimmung wie beim Roheisen und Stahl, indem man nämlich die Probe in HCl löst und den gebildeten und entweichenden $H_2S$ ermittelt, liefert unrichtige Resultate. Der zinkhaltige Gichtstaub enthält nämlich immer $Fe_2O_3$. Beim Auflösen in HCl wird der größte Teil des gebildeten $H_2S$ zur Reduktion des auch in Lösung gegangenen $Fe_2O_3$ verwendet. Deshalb fallen die Resultate viel zu niedrig aus. Dieser Fehler wird vermieden, wenn man zum Auflösen der Probe HCl (1,12) nimmt, welche eine genügende Menge Zinnchlorür enthält. Dieses reduziert das gelöste $Fe_2O_3$, und der ganze gebildete $H_2S$ entweicht. Er wird durch ammoniakalisches $H_2O_2$ oxydiert und als $BaSO_4$ genau so bestimmt, wie bei der S-Bestimmung in Roheisen und Stahl angeführt ist.

Vielfach angewandt wird auch folgende Methode: 1 g Substanz wird mit essigsaurem Ammon extrahiert, filtriert und der

Rückstand mit heißem $H_2O$ ausgewaschen. Der ausgelaugte Rückstand wird mit konz. Bromsalzsäure oxydiert, abgedampft, mit verd. HCl aufgenommen, filtriert und mit heißem $H_2O$ ausgewaschen. Im Filtrate wird in der Siedehitze mit $BaCl_2$ die $H_2SO_4$ gefällt.

4. **Chloride.** Da ein größerer Gehalt an Chloriden schädlich auf die Haltbarkeit der Zinkmuffeln wirkt, wird die Bestimmung des Cl häufig verlangt. 3—5 g werden in heißem Wasser nach Zusatz von einigen Tropfen $HNO_3$ gelöst. Die vom Ungelösten abfiltrierte Flüssigkeit wird kochend heiß mit $AgNO_3$ gefällt und so lange gekocht, bis der Niederschlag von AgCl sich zusammengeballt hat. Der Niederschlag wird zuerst durch Dekantation, dann auf dem Filter vollständig mit heißem Wasser ausgewaschen, getrocknet und möglichst vollständig vom Filter abgetrennt.

Das Filter wird bei niedriger Temperatur in einem Porzellantiegel eingeäschert. Dann behandelt man mit einigen Tropfen $HNO_3$ (1,4), fügt 1—2 Tropfen HCl zu, dampft vollständig zur Trockene ab, bringt den ganzen Niederschlag dazu und erhitzt vorsichtig bis zum beginnenden Schmelzen.

AgCl enthält 24,72 % Cl.

## B. Zinkhaltiger Ofenbruch und Mauerschutt.

Beide werden meistens nur auf Zn untersucht. Die Bestimmung des Zn geschieht in gleicher Weise wie beim Zinkstaub, nur wird im Mauerschutt gewöhnlich allein das in verdünnter HCl lösliche Zn bestimmt, weil nur dieses für den Zinkhüttenmann Wert hat; soweit nämlich das Zn in Form von Silikaten vorliegt, entzieht es sich der leichten Reduktion in der Muffel.

## C. Hochofen-Blei.

Dasselbe enthält stets bemerkenswerte Mengen von Ag, die bei der Bewertung berücksichtigt werden und deren genaue Mengen man deshalb kennen muß. Wie im Kapitel „Probenahme" beschrieben ist, wird in den Bleihütten das Hochofenblei in großen eisernen Kesseln eingeschmolzen, um dann nach dem Verfahren von Pattinson mit metallischem Zink entsilbert zu werden. Hier bietet sich die beste Gelegenheit, eine gute Durchschnitts-

probe entnehmen zu können. Sobald das Blei gut eingeschmolzen
ist, wird es durchgemischt. Es werden dann mit einem eisernen
Löffel aus jedem Kessel wenigstens 2 Schöpfproben genommen.
Von jeder Probe werden 50 g direkt auf einer Kapelle aus Knochen-
asche abgetrieben. Der ermittelte Ag-Gehalt wird auf 1 Tonne
Hochofenblei berechnet.

# 8. Kohle und Koks.

## A. Asche.

In einen geräumigen gewogenen Platintiegel oder Platin
schälchen wägt man 1 g Substanz ein und verascht in der Muffel.
Die Veraschung ist beendet, wenn der Tiegelinhalt gelb bis rötlich (je nach dem Eisengehalt der Kohle) gefärbt erscheint und
keine schwarze Substanz mehr zu sehen ist. Die Dauer der
Operation beträgt ungefähr 2 Stunden. Bei Kohle empfiehlt
es sich, anfangs eine ganz mäßige Temperatur anzuwenden, um
ein Verkoken möglichst zu vermeiden; tritt ein solches ein, so
dauert das vollständige Veraschen viel länger.

## B. Schwefel.

### 1. Gesamtschwefel nach Eschka.

1 g fein gepulverte Kohle wird mit 5 g eines Gemisches von
zwei Teilen gut gebrannter reiner Magnesia und 1 Teil kalziniertem
reinem $Na_2CO_3$ im Platintiegel innig gemischt. Über das Gemisch
gibt man noch eine dünne Schicht der Aufschlußmasse. Man
hat sich vorher durch einen blinden Versuch davon zu überzeugen, daß die Aufschlußmasse schwefelfrei ist.

Den Tiegel hängt man am besten in eine durchlochte, schräg
gestellte Asbestplatte und erhitzt ihn anfangs schwach, später
bis zur dunklen Rotglut. Die Erhitzung dauert 1—2 Stunden.
Da die Aufschlußmasse imstande ist, aus dem Heizgase Schwefel
zu absorbieren, so ist die Erhitzung mit Benzin oder einem
Spiritusbrenner vorzunehmen.

Am Anfang der Erhitzung findet eine lebhafte Gasentwicklung statt. Manchmal ist damit eine, wenn auch geringe Zer-
stäubung des Tiegelinhaltes verbunden. Bei der großen Verdünnung der ursprünglichen Substanz durch die Aufschlußmasse

sind diese Verluste aber belanglos. Das Ende der Reaktion ist eingetreten, wenn kein Aufleuchten und Aufglühen des Tiegelinhaltes mehr stattfindet.

Die Farbe des Tiegelinhaltes ist von hellgrau in gelblich bis rötlich übergegangen. Man schüttet jetzt die Masse in ein großes Becherglas, spült den Tiegel selbst verschiedene Male mit heißem Wasser aus und gibt dieses ebenfalls in das Becherglas. Zur Oxydation eventuell gebildeter Sulfide gibt man Bromwasser bis zur schwachen Gelbfärbung hinzu, erwärmt, filtriert, säuert das Filtrat mit HCl an und kocht das überschüssige Brom weg. Mit einem geringen Überschuß von Ammoniak fällt man alsdann Eisen und Aluminium aus. Das Filtrat vom Eisen und Aluminium säuert man wieder schwach an und fällt in bekannter Weise in der Siedehitze die Schwefelsäure mit $BaCl_2$ aus. Um sicher zu gehen, daß das $BaSO_4$ keine Kieselsäure mitgerissen hat, raucht man am besten mit Flußsäure ab.

### 2. Flüchtiger Schwefel.

Während es für den Hochofenbetrieb notwendig ist, den Gesamtschwefel, das heißt sowohl den flüchtigen wie den nicht flüchtigen Schwefel, von Kohle und Koks zu kennen, ist es für die Verwendung der Kohle unter Kessel allein von Bedeutung, den flüchtigen Schwefel zu wissen.

Zur Bestimmung des flüchtigen Schwefels wird man zunächst eine Gesamtschwefelbestimmung durchzuführen haben. Der Sulfatschwefel, d. i. der nicht flüchtige Schwefel, wird dann in folgender Weise bestimmt.

Man verascht ungefähr 50 g Kohle oder Koks in einer Platinschale bis zur Gewichtskonstanz und bestimmt in einer genau abgewogenen Menge — etwa 1 g — dieser Asche den Schwefel, wie oben bei der Gesamtschwefelbestimmung nach Eschka ausgeführt ist. Durch Differenzrechnung ergibt sich dann aus dem Gesamt- und dem nicht flüchtigen Schwefel der flüchtige Schwefel.

### C. Stickstoff.

Methode von Kjeldahl. Man wägt 1 g Kohle in einen Jenenser Rundkolben mit langem Halse, einen sogenannten Kjeldahl-Kolben von 300 ccm, ein. Zur Überführung des Stickstoffs in Ammoniak gibt man in den Kolben ein Säuregemisch, bestehend aus Phosphorsäure und Schwefelsäure (Lösung 11 S. 167), und einen großen Tropfen Quecksilber.

Auch kann man als Aufschlußmittel 25 ccm konzentrierte Schwefelsäure, 1—2 g Quecksilberoxyd und 3 g Kaliumpermanganat nehmen.

Man erhitzt unter dem Abzuge 1 Stunde auf der Asbestplatte und 1—2 Stunden auf dem Drahtnetz. Bei Anthrazit-Kohle dauert der Aufschluß häufig noch länger.

Bei Beendigung der Aufschließung muß die Flüssigkeit wasserklar geworden sein, und nur noch gelblichweiße feste Bestandteile (bestehend aus Silikaten) dürfen sich in der Lösung befinden. Man läßt dann den Kolben erkalten, spült ihn in einen $\frac{3}{4}$ Liter fassenden Erlenmeyer um und gibt 35 ccm $Na_2S$ (siehe Lösung 12, S. 167) und 120—140 ccm 15 proz. NaOH hinzu. Der Zusatz von $Na_2S$ dient zur Bindung des überschüssigen Quecksilbers, das sonst mit Stickstoff unlösliche und unzersetzbare Verbindungen eingehen würde.

Es empfiehlt sich ferner, ein Stückchen granuliertes Zink hinein zu geben, da auf diese Weise das sonst heftige Stoßen beim Kochen vermieden wird. Man destilliert auf $\frac{1}{3}$ des Volums ab. Als Vorlage [1]) dient ein Erlenmeyer mit 15 ccm $^1/_{10}$-Normal-$H_2SO_4$ (siehe Titerlösung Nr. 9 S. 173). Das übergehende Ammoniak wird von der Schwefelsäure absorbiert und die überschüssige Schwefelsäure mit $^1/_{10}$-Normal-NaOH (Titerlösung 10, S. 174) und Methylorange als Indikator zurücktitriert.

## D. Untersuchung der Kohle auf Ausbringen an Koks, Ammoniak und Benzol.

Häufig wird an das Laboratorium eines Eisenhüttenwerkes, welches Koksöfen mit Nebenproduktengewinnung besitzt, die Aufgabe gestellt, zu ermitteln, inwieweit sich eine Kohle für Verkokungszwecke eignet.

Dabei handelt es sich um die Bestimmung der Ausbeute an Koks, Gas, Ammoniak und Benzol. Das im Laboratorium ermittelte Ausbringen an Benzol, worunter wir nicht nur das Benzol, sondern auch seine Homologen, nämlich Toluol und Xylol,

---

[1]) Vgl. $NH_3$-Bestimmung im schwefelsauren Ammon.

verstehen, differiert meistens etwas mit den in der Praxis erhaltenen Resultaten, da die Verkokung im kleinen unter anderen Umständen erfolgt wie im großen.

Wird nur die Menge der flüchtigen Bestandteile der Kohle verlangt, so genügt eine Verkokung im Porzellantiegel. 10 g der gepulverten und bei einer 100° nicht übersteigenden Temperatur getrockneten Probe werden in einen geräumigen Porzellantiegel eingewogen. Derselbe wird mit einem Porzellandeckel bedeckt. Der Raum zwischen dem umgebogenen Teil des Deckels und dem Tiegel wird mit Lehm verschmiert, nur an einer Stelle läßt man eine Öffnung, damit die sich entwickelnden Gase entweichen können. Der Tiegel wird in eine rotglühende Muffel gestellt und so lange darin stehen gelassen, bis keine Flämmchen mehr herausbrennen. Dann läßt man den Tiegel erkalten, nimmt den Kokskuchen heraus und wägt ihn ab. Der Gewichtsverlust entspricht den flüchtigen Bestandteilen. Aus dem Aussehen des Kokses kann man auch hier schon auf die zu erwartende Koksqualität schließen.

Gut miteinander vergleichbare Resultate werden erhalten, wenn man nach Muck genau in folgender Weise die Verkokung durchführt: Man erhitzt 1 g der feingepulverten Kohle in einem nicht zu kleinen vorher gewogenen Platintiegel von folgenden Maßen: Höhe 4 cm, oberer $\oplus$ 4 cm, Wandstärke 0,5 mm, Bodenstärke 1 mm. Die Erhitzung geschieht bei fest aufgelegtem Deckel über einer 18 cm hohen Flamme, deren Reduktionskegel 3 cm hoch ist. Die Entfernung vom Boden des Tiegels bis zur Brennermündung beträgt 6—9 cm. Das Erhitzen wird nur so lange durchgeführt, bis keine brennbaren Gase zwischen Tiegelrand und Deckel mehr entweichen.

Wenn man verschiedene Kohlen genau in angegebener Art untersucht, erhält man Kokskuchen von maximaler Blähung, die man gut miteinander vergleichen kann.

Will man sich über die Qualität und Quantität des zu erwartenden Kokses ein genaues Bild verschaffen, so nimmt man die Verkokung am besten im Koksofen selbst vor. Einige Kilogramm Kohle, welche nur so weit zerkleinert worden sind, wie es im Großbetrieb geschieht, werden in einen Blechkasten gefüllt. Derselbe wird mit einem Deckel geschlossen, so daß keine Kohle herausfallen kann. Nötigenfalls wird der Raum zwischen Deckel-

8*

rand und Kasten mit Lehm gedichtet, man läßt dann eine
oder mehrere Öffnungen zum Entweichen der Gase frei. Der Deckel
wird mit Draht an den Kasten befestigt. Dieser so mit der Kohle
gefüllte und vorbereitete Kasten wird in die Mitte der Be-
schickung eines Koksofens eingesetzt. Die Verkokung geschieht
hier genau unter den Bedingungen des Großbetriebes. Der Blechkasten kommt mit dem anderen Koks aus dem Ofen, wird erkalten gelassen, geöffnet und gewogen. Man erhält so das Ausbringen an Koks.

Wesentlich schwieriger ist die Durchführung der Bestimmung
des Ausbringens an Ammoniak und Benzol sowie die Feststellung der Menge des bei der trockenen Destillation sich entwickelnden Gases.

Die Verkokung geschieht hier in einer eisernen Destillierblase
von annähernd 400 ccm Inhalt, welche durch mehrere große
Bunsenbrenner stark erhitzt wird. Die Blase ist durch einen
ungefähr 40 cm langen abnehmbaren Helm gasdicht geschlossen.
Blase und Helm besitzen je eine glatte Dichtungsfläche, zwischen
welchen ein vorher feuchtgemachter Asbestring eingelegt wird.
Der Verschluß selbst wird durch 6 Schrauben bewirkt. Der
untere Teil des Helmes wird gekühlt, indem man ihn mit nassem
Asbest umhüllt und kaltes Wasser auftropfen läßt. An die
Destillierblase schließt sich folgende Apparatur an:

1. ein leerer Kolben;
2. zwei Waschflaschen, beschickt mit verdünnter $H_2SO_4$;
3. ein Wasserkühler;
4. ein großes U-Rohr, gefüllt mit $CaCl_2$;
5. zwei leere Absorptionsschlangen nach Kill. Diese
   befinden sich in einer Kältemischung, bestehend aus
   Äther und fester $CO_2$. Temperatur ca. — 80⁰. Diese
   Absorptionsschlangen befinden sich in einem Becherstutzen, welcher, um die Wärme abzuhalten, mit einem
   schlechten Wärmeleiter umhüllt ist. Am besten eignet
   sich dazu Watte.[1]);
6. eine Gasuhr, an der Ein- und Austrittstelle der Gase
   mit einem Thermometer versehen;
7. zwei große miteinander verbundene Aspiratorflaschen
   zum Absaugen der entwickelten Gase.

---

[1]) Natürlich sind für diesen Zweck Dewar-Gefäße, die sonst zur
Aufbewahrung der flüssigen Luft dienen, ideal, aber auch teuer.

Nachdem die Destillierblase mit 100 g gepulverter Kohle beschickt worden ist, werden die einzelnen Teile miteinander verbunden und durch den Aspirator auf Dichtigkeit geprüft. Dann beginnt man mit dem Erhitzen. Die Geschwindigkeit der Destillation ist so zu leiten, daß in der ersten mit verdünnter $H_2SO_4$ beschickten Waschflasche keine gelben Teerdämpfe sichtbar werden, höchstens vorübergehend in dem leeren Kolben. Die Temperatur in der Retorte muß so gesteigert werden, daß dieselbe zum Schlusse in ihrem unteren Teile rotglühend wird. Der Helm ist dabei besonders gegen Schluß der Reaktion gut zu kühlen.

Man mißt an der Gasuhr die Gasmenge ab, notiert die Temperatur am Ein- und Austritt der Gasuhr und berechnet auf $0^0$ und 760 mm Barometerstand nach der Formel $V_0 = \dfrac{V.\ B.\ 273}{760\ .\ (273 + t)}$

$V$ = abgelesenes Volumen. $B$ = abgelesener Barometerstand. $t$ = Durchschnittstemperatur ermittelt aus den Ablesungen der beiden Thermometer.

Nach Beendigung der Destillation nimmt man den Apparat auseinander und wägt den zurückgebliebenen Koks.

Dann filtriert man den Inhalt des Kolbens und der beiden Waschflaschen auf ein vorher getrocknetes und gewogenes Filter und spült die drei Gefäße einigemal mit heißem Wasser aus. Das Filter mit dem teerigen Rückstand gibt man in eine vorher getrocknete und gewogene, kleine, kupferne Fraktionierblase oder ein gläsernes Fraktionierkölbchen, destilliert bis $130^0$ das Wasser ab, wobei eine kleine Menge öligen Produktes mitgeht. Das destillierte Wasser wird in einem Meßzylinder aufgefangen und gemessen. Man hat nun erstens das Gewicht des Destilliergefäßes + Filters, zweitens das Gewicht des Gefäßes + Filters + wasserhaltigen Teeres und drittens das Gewicht des Wassers. Aus diesen drei Daten läßt sich die Teermenge berechnen.

Die vom Teer abfiltrierte saure Flüssigkeit, die sämtliches gebildete Ammoniak enthält, wird auf 200—250 ccm eingedampft, in einen Rundkolben übergespült und wie bei der Untersuchung des schwefelsauren Ammoniaks nach Zusatz einer überschüssigen Menge von 30 proz. NaOH destilliert. Um ein Stoßen zu vermeiden, empfiehlt sich ein Zusatz von etwas metallischem Zink. Vorgelegt wird ½ Normal-$H_2SO_4$.

Die beiden vor dem Versuche gewogenen Killschen Absorptionsschlangen enthalten sämtliches Benzol bzw. seine Homologen, welche ausgefroren wurden. Sie werden aufgetaut, die Schlangen auf Zimmertemperatur gebracht und wieder gewogen. Es können auch kleine Wassermengen dabei sein, welche berücksichtigt werden müssen, was in zweierlei Weise geschehen kann. Man leitet bei gewöhnlicher Temperatur so lange Leuchtgas durch, bis das Benzol fortgenommen worden ist, das $H_2O$ aber zurückbleibt. Dann wägt man nochmals und nimmt dieses Gewicht als Tara an.

Man kann aber auch aus den Schlangen die Flüssigkeit auf ein Stück weißes, geleimtes Papier gießen. Die ölige Flüssigkeit saugt sich in das Papier ein, die Wassertröpfchen bleiben zurück, werden wieder in die Schlange gebracht und diese zurückgewogen.

Es ist zu berücksichtigen, daß die Schlangen bei der Tara- und Bruttowägung eine Leuchtgas- bzw. Koksgasatmosphäre enthalten müssen.

Alle gefundenen Werte werden auf 1 Tonne Kohle bezogen, wobei auch der Wassergehalt der Kohle berücksichtigt werden muß.

## E. Elementaranalyse der Kohle.

Die Elementaranalyse beruht auf der Eigenschaft der organischen Körper, zu denen auch die Kohle zählt, im O-Strom in der Weise vollständig zu verbrennen, daß der H in $H_2O$ und der C in $CO_2$ übergeführt wird. $H_2O$ und $CO_2$ können analytisch sehr leicht bestimmt werden. Eine direkte Bestimmung des vorhandenen O ist aber nicht möglich. Diesen kann man nur aus der Differenz erhalten, wenn man die Summe aller anderen Bestandteile von 100 % abzieht.

Die beim Verbrennen im O-Strom zurückbleibende Asche enthält die unorganischen Bestandteile der Kohle, vom S jedoch nur einen Teil, der andere, der sogenannte schädliche S, verflüchtet sich.

Wir haben zwei Methoden der Verbrennung im O-Strom: 1. über CuO, 2. über Pt-Blech als Kontaktsubstanz.

## 1. Kupferoxydmethode.

Die Apparatur besteht aus folgenden Teilen:

a) Eine Sauerstoffbombe, versehen mit einem Finimeter, welches uns möglich macht, den Gasstrom ganz genau zu regulieren. Ein in der Gummischlauchverbindung angebrachter Schraubenquetschhahn kann die Regulierung noch vervollkommnen.

b) Eine Pt - Kapillare, die durch einen Brenner auf Rotglut erhitzt wird, zur Verbrennung von vielleicht im O enthaltenen kleinen Mengen H.

c) Ein de Konnincksches Kugelrohr, beschickt mit konzentrierter $H_2SO_4$.

d) Ein U - Rohr mit $P_2O_5$.

e) Ein Verbrennungsrohr von annähernd 100 cm Länge und 15 mm lichtem Durchmesser. Dasselbe enthält, beginnend von dem der O-Flasche entgegengesetzten Ende, zuerst eine Cu-Spirale, dann eine 10 cm lange Schicht von $PbCrO_4$ oder nach Muck von erbsengroßen Bimssteinstückchen, welche mit gepulvertem $PbCrO_4$ gut durchgeschüttelt worden sind. Jetzt kommt eine annähernd 40 cm lange Schicht von grobkörnigem CuO, das am Ende durch eine Cu-Spirale festgehalten wird. Ein weiterer Raum bleibt leer zur Aufnahme des Pt-Schiffchens mit der zu verbrennenden Kohle. Zuletzt kommt eine Cu-Spirale von annähernd 7 cm Länge.

Dieses Verbrennungsrohr befindet sich derart in einem Verbrennungsofen, daß beide Enden herausragen. Das Rohr kann durch eine größere Zahl Brenner nach Belieben teilweise oder ganz erhitzt werden.

f) Ein U - Rohr, zur Hälfte mit $CaCl_2$ und zur anderen Hälfte mit $P_2O_5$ gefüllt, zur Aufnahme des gebildeten $H_2O$.

g) Ein U - Rohr mit Natronkalk.

h) Ein U - Rohr, zur Hälfte mit Natronkalk, zur Hälfte mit $P_2O_5$ gefüllt. g und h dienen zur Aufnahme der $CO_2$, das $P_2O_5$ in h für etwa vom Gasstrom aus dem Natronkalk mitgenommene Feuchtigkeit.

i) Eine Waschflasche mit konzentrierter $H_2SO_4$.

k) Ein Waschfläschchen mit Palladiumchlorür, um festzustellen, ob die Verbrennung auch vollständig ist, da etwa auftretendes CO eine Schwärzung hervorrufen würde.

l) Eine Wasserstrahlpumpe oder eine Aspiratorflasche.

Vor Beginn des Versuches werden die Apparatteile c, d, e, i und l durch dickwandige Gummischläuche oder einfach durchbohrte Gummistopfen miteinander verbunden. Das Verbrennungsrohr wird zur vollständigen Trocknung erhitzt und ein schwacher Luftstrom auch während des darauf folgenden Erkaltens hindurchgesaugt.

Während dieser Zeit wägt man die Teile f, g und h.

Man setzt das Schiffchen mit der Kohlenprobe von 0,3 g in das Verbrennungsrohr ein. Das Einsetzen muß zur Vermeidung von Feuchtigkeitsaufnahme möglichst schnell erfolgen. Gleichfalls muß das Schiffchen vor dem Einwägen ausgeglüht und erkaltet sein. Dann verbindet man alle Teile des Apparates miteinander und prüft durch Saugen den Apparat auf Dichte.

Jetzt beginnt man mit dem Durchleiten eines schwachen Stromes von O, erhitzt zuerst das CuO und dann das $PbCrO_4$. Sobald das CuO Rotglut erreicht hat, beginnt man vorsichtig mit dem Erhitzen der Kohle von der CuO-Seite an, schreitet langsam weiter und erhitzt, bis die Kohle vollständig verbrannt und die zurückbleibende Asche gleichmäßig braun gefärbt ist. Sodann unterbricht man den O-Strom und saugt bis zum Erkalten Luft hindurch.

Die vorher gewogenen Teile werden abgenommen, zur Wage gebracht und nach einer Stunde wieder gewogen.

Sind eine größere Reihe von Verbrennungen durchzuführen, so wägt man, um Zeit zu ersparen, in Sauerstoffatmosphähre. Es empfiehlt sich, dann mit zwei Garnituren von $CaCl_2$- und Natronkalkröhrchen zu arbeiten. Wenn eine Bestimmung beendet ist, nimmt man das Schiffchen mit der Asche heraus und beginnt gleich mit der nächsten Verbrennung.

Aus den erhaltenen Gewichtszahlen für $H_2O$ und $CO_2$ läßt sich leicht der H und C berechnen.

Den O bekommt man aus der Differenz von 100 — (H + C + Asche + flüchtigen S + N).

## 2. Methode nach M. Dennstedt[1]).

Dieses Verfahren gründet sich auf das Prinzip, die Verbrennung im O-Strom durch Pt als Kontaktsubstanz zu bewirken. Zu diesem Verfahren kann dieselbe Apparatur dienen, wie bei dem früheren, nur nimmt man statt CuO Pt-Blech von etwa $^1/_{10}$ mm Stärke und 10 cm Länge, das zu einem sechsseitigen Stern zusammengeschweißt ist und den Namen „Kontaktstern" führt (Fig. 10). Die Verbrennung geschieht nach Dennstedt hauptsächlich an den vorderen, der Substanz zugewendeten scharf geschnittenen Kanten.

Fig. 10.

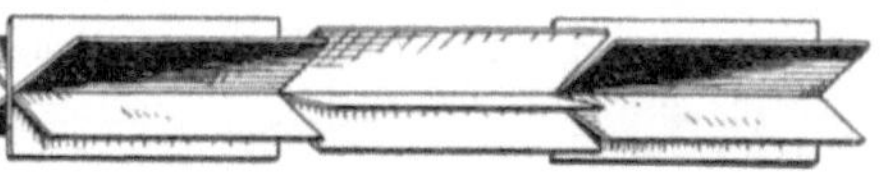

Fig. 11.

Um nun auf der ganzen Länge mehrere solche Kanten zu haben, die dem O-Strom entgegenstehen, werden die Blechstreifen senkrecht zur Längsrichtung an mehreren Stellen eingeschnitten und beiseite gebogen (Fig. 11).

Dieser Kontaktstern liegt fast in der Mitte des Verbrennungsrohres, eher etwas näher gegen das hintere Ende, wo sich das Schiffchen zur Aufnahme der Probe befindet. Vor dem Kontaktstern sind zwei 14 cm lange Porzellanschiffchen mit Henkel, deren Rundung sich möglichst an die des Verbrennungsrohres anschmiegt. In diesen Schiffchen befindet sich zur Aufnahme des S und N mennigehaltiges Bleisuperoxyd, das ganz frei von organischen Bestandteilen sein muß. Die Schiffchen müssen mindestens 5 cm vom Kontaktstern entfernt sein, der nicht mit dem Bleisuperoxyd in Berührung kommen darf, sonst wird der Kontaktstern verdorben und ist für weitere Verbrennungen unbrauchbar.

Der Anfang des Verbrennungsrohres ist wie bei der ersten Methode mit den Absorptionsapparaten und der Wasserstrahlpumpe oder einem Doppelaspirator verbunden.

---

[1]) Siehe Anleitung zur vereinfachten Elementaranalyse von Prof. Dr. M. Dennstedt, 3. Aufl., 1910. Hamburg, Otto Meißners Verlag.

Zur Durchführung der Verbrennung reichen folgende Brenner aus: für die Erhitzung des Bleisuperoxyds ein Bunsenbrenner, welcher in ein horizontales Rohr mit 10 kleinen Öffnungen endet, ferner ein Teclubrenner mit einem Spaltaufsatz für die Erhitzung des Kontaktsternes und ein Brenner für die Erhitzung der Substanz.

Die Durchführung der Verbrennung geschieht in nachstehender Weise. Nachdem wie bei der ersten Methode jede Spur von Feuchtigkeit aus dem Verbrennungsrohre entfernt worden ist, wird die Probe eingesetzt und der Apparat auf Dichte geprüft. Alsdann beginnt man mit dem Einleiten des O. Man erhitzt zuerst das Bleisuperoxyd auf eine Temperatur von etwa 320°. Damit man diese Temperatur einhält, wird durch einen Versuch, den man mit einem in das Rohr eingelegten Thermometer macht,

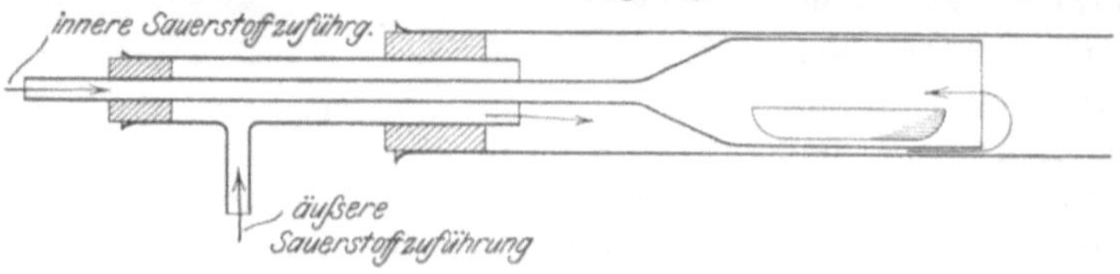


Fig. 12.

die Höhe der Flämmchen bestimmt und für alle Versuche der Brenner darauf eingestellt. Dann bringt man den Kontaktstern zu heftigem Glühen. Sobald das eingetreten, beginnt man mit der Verbrennung der Kohle.

Ist die Asche der Kohle vollständig durchgebrannt, was man aus der gleichmäßigen helleren oder dunkleren braunen Farbe erkennen kann, werden die Flammen kleiner gemacht und zum Schlusse abgedreht, Luft durchgeleitet, die Absorptionsgefäße abgenommen und gewogen.

Die Berechnung ist dieselbe wie bei der ersten Methode.

Bei den beiden Methoden, wie dieselben beschrieben worden sind, ist ein Übelstand vorhanden. Will man die Verbrennung durch eine größere O-Zufuhr beschleunigen, so findet auch eine stürmischere Verbrennung der Kohle statt, so daß eine unvollkommene Verbrennung zu befürchten ist. Um dies zu vermeiden und doch schneller zu verbrennen, führte Dennstedt eine doppelte O-Zufuhr ein. In dem Verbrennungsrohre liegt ein engeres, an einem Ende verjüngtes, ein sogenanntes Lanzettrohr. In dieses wird das Schiffchen mit der Probe eingeführt. Aus der Zeichnung ist das genau zu ersehen (Fig. 12).

Man hat somit eine doppelte Zuführung von O, erstens durch das dünne Rohr direkt zu der zu verbrennenden Substanz und zweitens auch noch zu den Verbrennungsprodukten. Man kann auf diese Weise einen großen Überschuß von O anwenden, ohne daß die Verbrennung selbst zu stürmisch verläuft.

Auch bei dem Dennstedtschen Verfahren können zur Beschleunigung der Analysen die $CaCl_2$- und Natronkalkröhrchen in einer Sauerstoffatmosphäre gewogen werden.

## F. Heizwert.

Für die Beurteilung einer Kohlenqualität ist in erster Linie die Kenntnis ihres Heizwertes notwendig. Wie groß die Bedeutung des Heizwertes ist, erhellt daraus, daß vielfach Kohlenabschlüsse auf der Basis des Heizwertes getätigt werden.

Der Heizwert einer Kohle läßt sich zwar aus den Resultaten der Elementaranalyse errechnen, doch sind die erhaltenen Werte nicht immer einwandsfrei und decken sich vielfach nicht mit den Betriebsergebnissen in der Praxis. Genauere und zuverlässigere Resultate werden durch Bestimmung des Heizwertes mittels der sogenannten Verbrennungsbomben erhalten.

### 1. Berthelot-Mahlersche Bombe.

(System von Dr. K. Kroeker [1]).)

Der Apparat (Fig. 12) besteht aus folgenden Teilen.

1. Die eigentliche Verbrennungsbombe. Sie besteht aus vernickeltem Stahl, ist innen emailliert und trägt einen isolierten Platinpol und im Inneren ein bis zum Boden der Bombe reichendes Platinrohr, an dem ein Platinschälchen befestigt ist.
2. Ein eiserner Schuh, in den die Bombe während der Deckelverschraubung eingesetzt wird. Dieser Schuh ist auf einer Tischplatte zu befestigen.
3. Eine Sauerstoffbombe mit Manometer, Leitungsrohr und den passenden Anschlüssen.
4. Zwei enge Nickelröhrchen, die an dem Deckel der Verbrennungsbombe angeschraubt werden können.

---

[1] In den Handel gebracht von der Firma Julius Peters, Berlin NW 21.

5. Eine Pastillenpresse.

6. Ein Wassergefäß aus vernickeltem Blech.

7. Ein eichener Holzbottich, der als Isoliermantel dient.

8. Ein Rührwerk.

9. Ein in $1/_{100}{}^0$ C geteiltes Thermometer.

Fig. 12a zeigt die eigentliche Verbrennungsbombe, Fig. 12b die Bombe fertig zur Heizwertbestimmung in das isolierte Blechgefäß eingesetzt, nebst Rührwerk usw.

Die Heizwertbestimmung wird folgendermaßen durchgeführt. Man formt sich zunächst mit Hilfe der kleinen Presse, in die man vorher einen dünnen 5—6 cm langen und 0,1 mm starken Platindraht eingelegt hat, aus der fein zerkleinerten Kohle eine

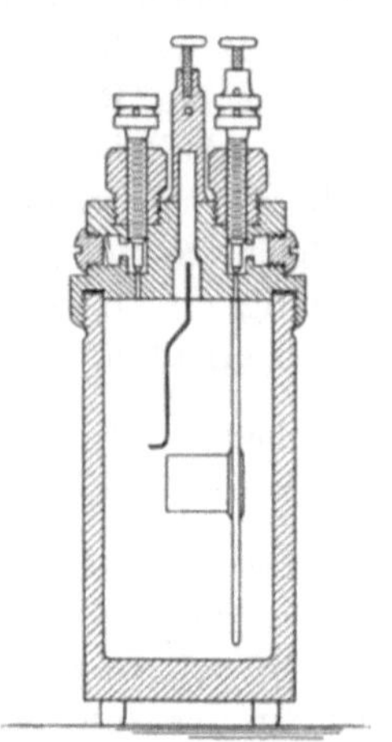

Fig. 12a.

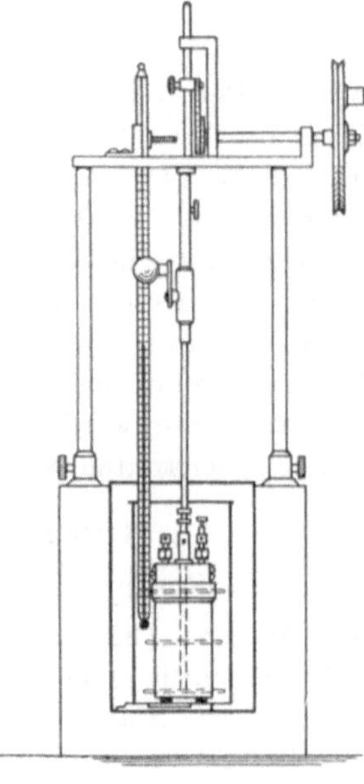

Fig. 12b.

Pastille von ungefähr 1 g Gewicht. Die so dargestellte Pastille legt man in das Platinschälchen der Bombe und befestigt die Enden des Platindrahtes mit den beiden Stromzuführungen. Dann setzt man den Deckel mit Schälchen und Substanz auf die eigentliche Bombe, verschraubt sorgfältig und läßt 20—25 Atm. Sauerstoff eintreten. Die Bombe wird dann ins Kalorimeter eingeführt und die Rührvorrichtung in Tätigkeit gesetzt; nach 5 Minuten kann der eigentliche Versuch mit der ersten Thermometerablesung beginnen.

Der ganze Versuch zerfällt in drei Perioden: die Vor-, Haupt- und Nachperiode. Die Vorperiode umfaßt die Zeit von der ersten Thermometerablesung bis zur Zündung. Die Hauptperiode dauert vom Beginn der Zündung bis zum erfolgten Temperaturausgleich, d. h. bis das Thermometer seinen höchsten Stand erreicht hat. Unter der Nachperiode endlich versteht man die nach Temperaturausgleich folgenden nächsten 5 Minuten.

Während der drei Perioden erfolgen die Thermometerablesungen minutenweise.

Nach beendigtem Versuch nimmt man die Bombe aus dem Kalorimeter heraus und verbindet mit Hilfe der beiden seitlichen Kanäle die Bombe einerseits mit einem genau gewogenen Chlorkalzium- und Phosphorpentoxydröhrchen und andrerseits mit einer Chlorkalzium- und Phosphorpentoxydvorlage. Man öffnet die Ventilschrauben und saugt, während die Bombe in dieser Zeit in einem Öl- oder Heißluftbade steht, Luft hindurch. So gelingt es, die bei der Verbrennung gebildete Feuchtigkeit in dem gewogenen Chlorkalzium- bzw. Phosphorpentoxydrohr aufzufangen und zu bestimmen.

Die Berechnung des Kalorimeterversuches geschieht in nachstehender Weise. Zunächst muß die Endtemperatur der Hauptperiode korrigiert werden, da diesem Wert infolge der Wärmeleitung und -strahlung kleine Fehler anhaften. Für diese notwendige Korrektur ist von Langbein eine einfache Formel aufgestellt worden, die für technische Zwecke vollständig genügt, nämlich

$$K = n \cdot v' \cdot \frac{v - v'}{2},$$

wobei

  $K$ = Korrektur,

  $n$ = Anzahl der Thermometerablesungen der Hauptperiode,

  $v$ = Temperaturverlust [1]) pro Ablesung, d. h. pro Minute, der Vorperiode,

  $v'$ = Temperaturverlust pro Ablesung, d. h. pro Minute, der Nachperiode.

---

[1]) Findet eine Zunahme der Temperatur statt, so ist der Wert für $v$ als negative Größe in die Gleichung einzusetzen; dasselbe gilt natürlich auch für $v'$.

Aus diesem so korrigierten Wert ergibt sich die Temperatur
steigerung.　Multipliziert man diese Temperatursteigerung mit
d e m  W a s s e r w e r t [2]), so erhält man die Anzahl der freigewordenen
Kalorien.

Der so gefundene Wert ist der sogenannte obere Heizwert.
Da aber in der Praxis, wenn absolute Größen verlangt werden,
nur der untere Heizwert Interesse hat, so muß dieser Heizwert
noch eine Korrektur für die Verdampfungswärme des Wassers,
das sich gebildet und in der Bombe niedergeschlagen hat, erfahren, und zwar sind pro Gramm gebildeten Wassers von dem
gefundenen Heizwert 600 Kalorien in Abzug zu bringen.　Der so
errechnete Wert ist der untere oder nutzbare Heizwert des Brenn-
stoffes.

## 2. Kalorimeter nach Parr [1]).

Das Kalorimeter nach P a r r ist in seinen Grundzügen der
M a h l e r schen Bombe nachgebildet.　Es unterscheidet sich davon
hauptsächlich durch zwei Umstände.

1. Statt des verdichteten Sauerstoffes wendet man $Na_2O_2$ an.

2. Die elektrische Zündung wird ersetzt durch einen kleinen
glühenden Eisenstift.

Die Einzelheiten der Apparatur sind aus der Zeichnung
(Fig. 13 A und B) zu ersehen.　Fig. 13 A zeigt das Kalorimeter
in seiner Gesamtheit, Fig. 13 B die eigentliche Bombe mit Deckel
und Ventil.

a Bombe mit Riemenscheibe b und Rührflügel c,

d Kalorimetergefäß,

e u. f zwei Gefäße aus Hartpapier,

g Thermometer, geteilt in $^1/_{100}{}^0$,

h Ventil.

---

[1]) Unter dem sogenannten W a s s e r w e r t der Bombe versteht man
die Anzahl Kalorien, die notwendig sind, um ein Steigen des Thermometers
um $1^0$ zu bewirken.　Dieser Wasserwert wird bestimmt, indem man eine
wohl definierte organische Substanz, z. B. Rohrzucker, Salizylsäure, Benzoe-
säure usw., in genau der gleichen Weise verbrennt, wie vorher beschrieben
ist.　Da der Verbrennungswert der genannten organischen Verbindungen
genau bekannt ist, so läßt sich mit Leichtigkeit daraus rückwärts der
Wasserwert der Bombe errechnen.

[2]) In den Handel gebracht von der Firma Max Kohl, Chemnitz in
in Sachsen.

Die Durchführung des Versuches beginnt damit, daß man
1 g der zu prüfenden Kohle in die Bombe einwägt, 10 g $Na_2O_2$
hinzugibt und ungesäumt den Deckel aufschraubt. Die Mischung
wird nun 1—2 Minuten tüchtig durcheinander geschüttelt.
Während des Mischens hat man darauf zu achten, daß das Ventil
im Deckel der Bombe geschlossen bleibt.

Jetzt fügt man die Bombe in das Kalorimetergefäß ein,
setzt die Rührvorrichtnug in Gang und beginnt, nachdem die
Temperatur konstant ge-
worden ist, mit den minut-
lichen Ablesungen.

Nach fünf Ablesungen
zündet man die Mischung
durch Hineinwerfen eines
glühenden Eisenstiftes von
0,4 g Gewicht. Das Thermometer steigt jetzt plötzlich
an und erreicht nach einigen
Minuten seinen Höchststand,
um dann weiterhin für
einige Minuten konstant zu
bleiben.

Von der abgelesenen
Temperatursteigerung müssen
als Korrektor für das einge-
worfene Eisenstückchen 0,015⁰
abgezogen werden.

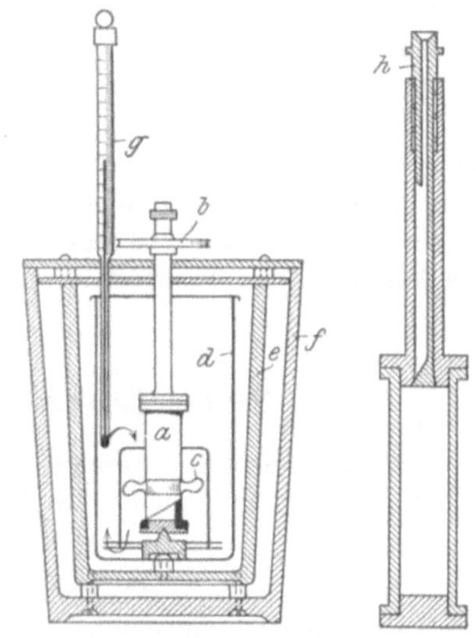

Fig. 13.

Von der so korrigierten Temperaturerhöhung sind dann
73 % auf Kosten der Verbrennung zu setzen, die restlichen
27 % haben ihre Ursache in der Reaktionswärme der Verbrennungs-
produkte mit $Na_2O_2$ bzw. $Na_2O$.

Der Wasserwert des Parrschen Kalorimeters beträgt bei
einer Füllung mit 2 Liter Wasser 2123,5 Kalorien. Hat man also
1 g Kohle eingewogen, so ist der gesuchte Heizwert:

Korrigierte Temperatursteigerung × 2123,5 × 0,73 cal

= „ „ × 1550 cal.

Bei Anthrazit und überhaupt allen Kohlensorten, welche
sich mit $Na_2O_2$ nicht verbrennen lassen, muß zu der Mischung
von Kohle und $Na_2O_2$ ein Zusatz von 0,5 g Weinsäure oder 0,5 g

Weinsäure und 1,0 g Kaliumpersulfat gemacht werden. Im ersteren Falle sind für Weinsäure und Eisenstift von der abgelesenen Temperatursteigerung $0,85^0$, im letzteren Falle für Weinsäure, Kaliumpersulfat und Eisenstift $0,99^0$ in Abzug zu bringen.

Der so gefundene Wert ist der obere Heizwert, der untere Heizwert kann nur errechnet werden, wenn man durch gesonderte Analysen den Gehalt der Kohle an Wasser und Wasserstoff bestimmt hat. Von dem gefundenen oberen Heizwert sind dann

$$\frac{9\,H + W}{100}\ 600\ \text{cal}$$

in Abzug zu bringen, wenn H den Prozentgehalt der Kohle an Wasserstoff und W an Wasser bezeichnet.

Der Vorteil der Parrschen Bombe gegenüber der Mahlerschen liegt in ihrer Einfachheit, Billigkeit und Betriebssicherheit, und genügen die erhaltenen Resultate wohl immer für Vergleichsbestimmungen. Werden absolute Werte verlangt, so ist der Mahlerschen Bombe der Vorzug zu geben [1]).

# 9. Schwefelsaures Ammoniak.

In schwefelsaurem Ammoniak werden bestimmt $NH_3$, freie $H_2SO_4$, in $H_2O$ unlöslicher Rückstand und Feuchtigkeit.

## A. Ammoniak.

15 g werden in einem tarierten Halbliterkolben gelöst und davon 50 ccm = 1,5 g in einen Rundkolben von ca. 600 ccm abgenommen. Der Kolben wird durch einen mit 2 Durchbohrungen versehenen Kautschukstopfen geschlossen. In einer steckt ein Scheidetrichter, welcher bis zum Boden des Kolbens reicht, in der anderen ein rechtwinklig gebogenes Verbindungsrohr, das nur ein Stückchen in den Kolbenhals hineinragt. Dieses Rohr ist mit einem Einleitungsrohr verbunden, das sich in einem Becherglas von annähernd 165 mm Höhe und 70 mm Durchm. befindet. Man gibt in dieses Becherglas 40 ccm $^{1}/_{2}$ normale $H_2SO_4$, fügt $H_2O$ bis zur Hälfte des Becherglases hinzu und setzt dieses zum Abkühlen in einen Becherstutzen, in dem sich kaltes Wasser befindet. In den Kolben gießt man durch den

---

[1]) Vgl. Lunge.

Scheidetrichter 100 ccm 5 proz. NaOH, schließt denselben, erhitzt und kocht, bis die Flüssigkeit auf einige ccm abgedampft ist, was ungefähr $\frac{3}{4}$ Stunden dauert. Um ein Zurücksteigen der vorgelegten Flüssigkeit zu vermeiden, finden verschiedene Vorlagen Verwendung, von denen an dieser Stelle die Stocksche als praktisch empfohlen werden kann (Fig. 14). Doch kann man bei genügender Aufmerksamkeit derartige Vorlagen entbehren. Das freigewordene $NH_3$ wird von der halbnormalen $H_2SO_4$ absorbiert. Nach Beendigung der Destillation titriert man den Überschuß nach Zusatz einiger Tropfen Methylorange als Indikator mit halbnormaler NaOH zurück. Die hier verbrauchte $\frac{1}{2}$ Normal-NaOH wird von der vorgelegten $\frac{1}{2}$ Normal-$H_2SO_4$ abgezogen; die Differenz, multipliziert mit 0,567, ergibt den $NH_3$-Gehalt direkt in Prozenten.

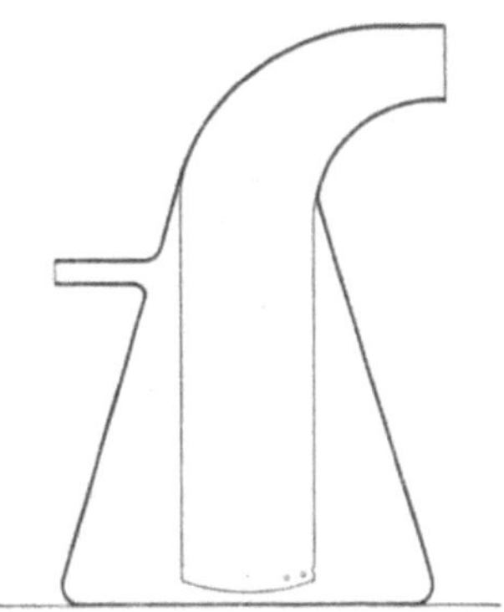

Fig. 14.

## B. Freie Schwefelsäure und Rückstand.

Beide werden in ein und derselben Einwage bestimmt.

10 g werden in ungefähr 200 ccm $H_2O$ aufgelöst, über ein bei $100^0$ getrocknetes und gewogenes Filter filtriert und mit $H_2O$ gut ausgewaschen. Das Filter wird dann wieder bei derselben Temperatur getrocknet und gewogen. Die Differenz beider Wägungen ergibt den Rückstand, der auf Prozente umgerechnet wird.

Das Filtrat wird nach Zusatz einiger Tropfen Methylorange mit halbnormaler NaOH titriert. Man hat die verbrauchten Kubikzentimeter nur mit 0,245 zu multiplizieren, um direkt die freie $H_2SO_4$ in Prozenten zu erhalten.

## C. Feuchtigkeit.

10 g werden in ein. Trockengläschen eingewogen, bei $100^0$ bis zu konstantem Gewicht getrocknet; der Gewichtsverlust, auf Prozente berechnet, ergibt uns die Feuchtigkeit.

# 10. Steinkohlenteer.

Im Steinkohlenteer wird meistens nur die Bestimmung des Wassergehaltes und des in Form von Ruß enthaltenen amorphen Kohlenstoffs verlangt.

## A. Wasserbestimmung.

200 g Teer werden in einer eisernen oder kupfernen Destillierblase, welche ein Destillationsrohr mit Thermometer und angeschlossenem Kühler trägt, bis 150⁰ destilliert. Das Destillat wird in einem graduierten Meßzylinder aufgefangen. Das Wasser scheidet sich unter dem öligen Destillat ab, seine Menge wird abgelesen, 1 ccm = 1 g angenommen und auf Prozente berechnet. Ist der Teer sehr wasserhaltig, so setzt man vor der Destillation 100 ccm wasserfreies Benzol zu.

## B. Bestimmung des in Form von Ruß enthaltenen amorphen Kohlenstoffs.

$\frac{1}{2}$—1 g werden in annähernd 2 ccm Anilin aufgelöst, auf 60⁰ erwärmt und dann mit 5 ccm Pyridin auf ein poröses Tonschälchen von 7 cm Durchmesser gebracht, durch welches das Anilin und Pyridin aufgesaugt wird. Die letzten Spuren verflüchtigt man durch scharfes Trocknen, schabt den Ruß vom Schälchen ab und wägt ihn.

# 11. Pech.

## A. Schmelzpunkt nach Krämer-Sarnow.

Man schmilzt etwa 25 g des zu untersuchenden Pechs in einem kleinen Blechgefäß mit ebenem Boden in einem Ölbade bei etwa 150⁰; die Höhe der geschmolzenen Pechschicht soll etwa 10 mm betragen. In diese taucht man ein etwa 10 cm langes, an beiden Enden offenes Glasröhrchen von 6—7 mm lichter Weite ein, schließt beim Herausnehmen des Röhrchens die obere Öffnung mit dem Finger und läßt das mit Pech gefüllte Ende durch Drehen an der Luft in wagerechter Lage erkalten.

Nach dem Erstarren nimmt man das an der äußeren Wand des Röhrchens haftende Pech leicht mit dem Finger fort. Die Höhe der Pechschicht im Rohr wird jetzt in der Regel ca. 5 mm betragen. Auf diese Schicht gibt man 5 g Quecksilber, welches sich für diesen Zweck am bequemsten in einem unten geschlossenen, mit Teilstrich versehenen Röhrchen abmessen läßt, und hängt das so beschickte Proberohr in ein mit Wasser gefülltes Becherglas, welches wieder in ein zweites mit Wasser gefülltes Becherglas hineingehängt ist. In das innere Becherglas läßt man ein Thermometer so eintauchen, daß das Quecksilbergefäß desselben in gleicher Höhe mit der Pechschicht im Röhrchen steht, und erhitzt nun mit mäßiger Flamme. Die Temperatur, bei welcher das Quecksilber die Pechschicht durchbricht, notiert man als Schmelz- bzw. Erweichungspunkt des Pechs.

Das Ansteigen der Temperatur des Wasserbades soll um 1⁰ C pro Minute erfolgen. Die Anfangs-Temperatur des Wasserbades soll bei 40⁰ C liegen.

## B. Schmelzpunkt nach M. Wendriner.

100 g der durch ein Sieb von 2 mm Maschenweite geschlagenen guten Durchschnittsprobe werden in einem eisernen Gefäße auf einem auf 150⁰ erhitzten Paraffinölbade, das mit einem Thermometer versehen ist, eingeschmolzen. Zugleich wird ein 20 cm hohes und 10 cm weites Becherglas mit einem Liter destillierten Wasser gefüllt und, auf dem Drahtnetz stehend, bis zum beginnenden Sieden erhitzt. Das Becherglas trägt einen Deckel aus Blech, welcher in der Mitte ein Loch von 26—28 mm Durchm. und an der Seite ein kleineres Loch hat, durch welches ein gewöhnliches Thermometer in das Wasser gehängt wird (Fig. 15 a).

Für jede Pechprobe werden 2 Glasröhrchen mit planabgeschliffenen Enden, genau 16 cm lang und von 8 mm lichter Weite und 1 mm Wandstärke, in je eine Klammer eines Stativs festgespannt und in jedes dieser Röhrchen ein an seinem oberen Ende ebenfalls plangeschliffener ca. 20 cm langer und 7½ mm dicker Glasstab so eingeschoben, daß er unten auf der Platte des Stativs aufsteht (vgl. Fig. 15 d). Man verschiebt nunmehr das Glasrohr so in der Klammer, daß das Ende des Glasstabes

genau 10 mm unter dem oberen Ende des Glasrohres sich befindet.    Hierzu bedient man sich eines kleinen Metallkörpers
(Lehre, Fig. 15 c), der einen Zapfen von 1 cm Länge trägt und
mit diesem in das Glasrohr von oben eingesetzt wird.    Man hat
dann in dem oberen Teil eines jeden Röhrchens einen kleinen
Hohlraum von 8 mm Weite und 10 mm Tiefe gebildet.    Nun gibt
man in jeden dieser Hohlräume einen Tropfen Wasser und hebt
den Glasstab unter Drehen ein wenig an, so daß der kapillare

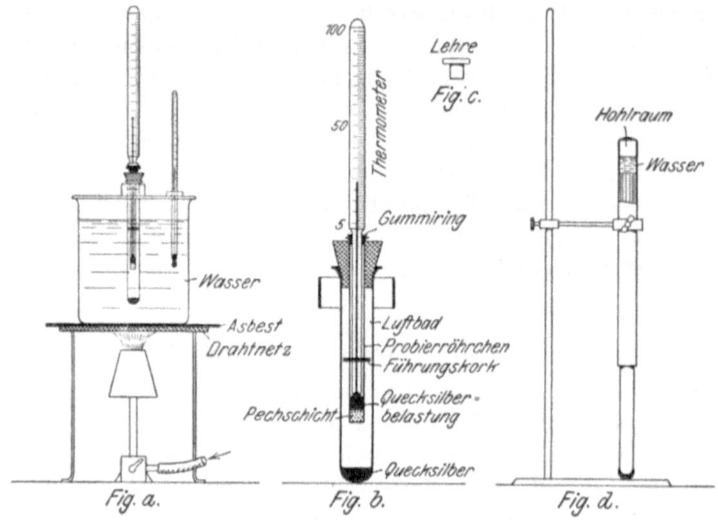


Fig. 15.

ringförmige Raum am oberen Ende des Glasstabes sich mit
Wasser füllt.    Man tupft sodann das überschüssige Wasser in
dem kleinen Hohlraume mit einem Filtrierpapierröhrchen ab
und erhitzt mittels einer entleuchteten Bunsenflamme den oberen
Rand des Röhrchens gleichmäßig etwa ½ Minute, ohne daß das
Wasser in dem kapillaren Raume verdampft.

Man füllt nunmehr die Hohlräume der Röhrchen mittels
eines Glasstabes, den man in die unterdes eingeschmolzene
Pechprobe taucht, mit dem ziemlich dünnflüssigen Pech an, bis
sich eine Pechkuppe über dem gefüllten Hohlraum gebildet hat.
Sodann läßt man erkalten, schneidet die Pechkuppe mit einem
Messer am Glasrande glatt ab, schabt das etwa übergeflossene

Pech von der Außenseite des Röhrchens ab und zieht den Glasstab vorsichtig heraus. Das Innere des Glasrohres wird nun mit einem mit Filterpapier überzogenen Glasstabe trocken gewischt, genau 10 g Quecksilber hineingegossen und das so beschickte Proberöhrchen mittels eines etwas konischen Korkstopfens von 20 mm Höhe in ein genau 25 mm weites und 20 cm langes Reagenzrohr, welches als Luftbad dient, eingehängt (vgl. Fig. 15 b). Das Proberöhrchen schneidet oben mit dem Korkstopfen gerade ab; ein zweiter, in seiner Mitte befindlicher, lose in dem Luftbad beweglicher Stopfen dient als Führung, um den Pechstopfen stets in zentraler Lage zu erhalten. Über das obere Ende des Luftbadrohres schiebt man ebenfalls einen durchbohrten Korkstopfen von genau 3 cm Höhe so, daß er mit dem oberen Ende des Rohres abschneidet und das Luftbad samt Proberohr und einem in das letztere einzuführenden Thermometer an dem Korke durch das zentrale Loch des Deckels eingehängt werden kann. Dieses Thermometer geht unten in einen dünnen Stiel von 16 cm Länge über und hat die Form eines Fabrikthermometers. Es wird mittels eines kleinen um den oberen Teil des Stieles gelegten Gummiringes so in das Proberöhrchen eingehängt, daß sein Quecksilbergefäß sich größtenteils in dem auf dem Pechstopfen ruhenden Quecksilber befindet, ohne jedoch diesen Pechstopfen zu berühren. Um ein Anbacken des abschmelzenden Pechs an der inneren Wand des Luftbadrohres zu verhindern, ist es zweckmäßig, in dasselbe etwas Quecksilber hineinzugießen.

Vorprobe. Sobald das Wasser im Becherglase die volle Siedetemperatur erreicht hat, wird die Flamme entfernt und das auf obige Weise vollständig montierte Luftbad, dessen Thermometer Zimmertemperatur zeigen muß, in das zentrale Loch des Deckels eingehängt. Nun beobachtet man den Temperaturgrad, bei welchem das Quecksilber durch die Pechschicht fließt, zieht das gesamte Luftbad heraus, läßt es erkalten und montiert es mit dem anderen Proberöhrchen, wie oben angegeben. Das Wasserbad läßt man auf eine Temperatur erkalten, welche genau $10^0$ über dem vorläufig gefundenen Schmelzpunkt liegt. Um früher zum Ziele zu gelangen, gießt man einen Teil des heißen Wassers ab, ersetzt ihn durch kaltes, rührt mit einem Glasstabe tüchtig um, bis das Wasser erforderliche Temperatur besitzt. Man schiebt dann eine Asbestplatte zwischen Becherglas und

Drahtnetz und hält das Bad mittels einer kleinen Flamme auf dieser Temperatur konstant.

**Fertigprobe.** Das auf Zimmertemperatur (möglichst stets 20⁰) befindliche mit dem zweiten Probierröhrchen beschickte Luftbadrohr wird an seinem Stopfen in das zentrale Loch des Deckels eingehängt und die Temperatur notiert, bei welcher das Quecksilber durch den Pechstopfen bricht. Dies ist der „Schmelzpunkt".

Bei gewöhnlichen Pechsorten dauert diese Bestimmung 8—10 Minuten, die gesamte Bestimmung ca. 1 Stunde.

Diese Methode der Schmelzpunktbestimmung kann auch für Asphalt und ähnliche Stoffe gut angewandt werden [1]).

# 12. Benzol.

Das in den Kokereien als Nebenprodukt gewonnene Benzol, worunter man nicht nur das Benzol selbst, sondern auch seine Homologen Toluol und Xylol versteht, liegt entweder als Rohbenzol oder als gewaschenes Handelsbenzol der Untersuchung vor.

### 1. Rohbenzol.

Für die Bewertung des Rohbenzols gelten durch Verträge festgesetzte Bedingungen. Es wird für gewöhnlich verlangt im Rohbenzol festzustellen:

1. Gehalt an Waschöl.
2. Gehalt an 90er Handelsbenzol.
3. Gehalt an Solvent-Naphtha.
4. Waschverlust.

Die Untersuchung kann in folgender Weise geschehen.

2 kg Rohbenzol werden in einer tarierten Kupferblase von 2½—3 Liter Inhalt, die mit einer 20 cm langen Perlkolonne versehen ist, der Destillation unterworfen, bis das Thermometer, dessen Quecksilbergefäß sich in der oberen Kolonnenkugel befindet, 175⁰ zeigt. Nach dem Erkalten wird die Blase zurückgewogen und der so ermittelte Rest als Waschöl angenommen.

---

[1]) Siehe „Zeitschrift f. angew. Chemie", XVIII. Jahrg., Heft 16.

Das Destillat wird in zwei Fraktionen zerlegt, die erste, das 90er Benzol, geht bis 150⁰ über, die zweite, die Solvent-Naphtha, bis 175⁰. Bei dieser Destillation nimmt man ein Thermometer mit verstellbarer Skala, die auf den Dampf siedenden Wassers eingestellt worden ist. Man ist dadurch jeder Korrektur für den Barometerstand enthoben. Von dem 90er Benzol muß noch der Waschverlust bestimmt und abgezogen werden, bei der Solvent-Naphtha wird kurzerhand ein Drittel als Waschverlust in Abrechnung gebracht.

Die Bestimmung des Waschverlustes im 90er Benzol geschieht in folgender Weise.

5 ccm der Fraktion, die bis 150⁰ übergeht, werden mittels einer Pipette in ein Stöpselglas von annähernd 150 ccm Inhalt gebracht, in dem sich schon 10 ccm verdünnte $H_2SO_4$ (20 proz.) befinden. Aus einer Bürette läßt man so viel ½-Normal-Kaliumbromat und Kaliumbromidlösung (Titerlösung 11a S. 175) schnell zufließen, bis das freiwerdende Br nicht mehr von Benzol entfärbt wird und nach 5 Minuten langem Schütteln und 10 Minuten langem Stehen das Benzol eine rotbraune Farbe behält. Ein nach dieser Zeit herausgenommener Tropfen des Benzols, das frei von wäßriger Flüssigkeit sein muß, soll auf einem mit Jodzinkstärkelösung frisch befeuchteten Papier augenblicklich einen dunkelblauen Fleck erzeugen.

1 ccm der für 5 ccm Benzol verbrauchten Bromlösung entspricht nach Erfahrungen der Praxis 1,20 Gewichtsprozenten Waschverlust.

## 2. Handelsbenzole.

In Handelsbenzolen werden meistens folgende Bestimmungen verlangt:

1. Der Siedepunkt.
2. Die einzelnen Fraktionen.
3. Das spezifische Gewicht.
4. Die Reaktion auf $H_2SO_4$.
5. Verbrauch an Br bei der Bromreaktion.

### a) Siedepunkt (Fig. 16).

Normalmethode [1]).    Das Siedegefäß besteht aus einer kupfernen kugelförmigen 0,6—0,7 mm dicken Blase von 150 ccm Inhalt und annähernd 66 mm Durchmesser. Der Hals ist 25 mm lang, unten 20, oben 22 mm weit. Das gläserne Siederohr von annähernd 14 mm lichter Weite und 150 mm Länge ist in der Mitte kugelförmig erweitert. Das Ansatzrohr von 8 mm lichter

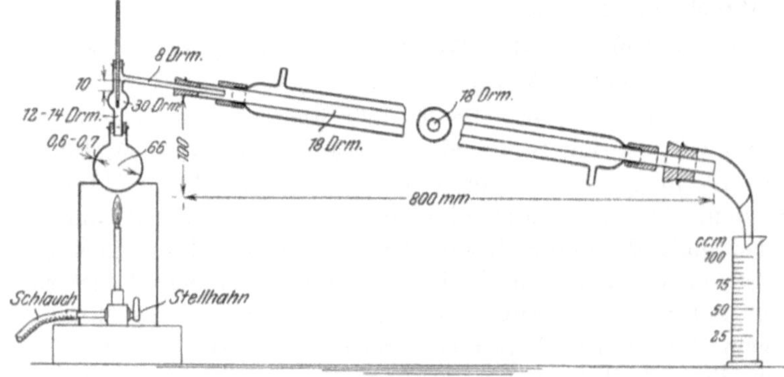



Fig. 16.

Weite ist 10 mm über der Kugel nahezu rechtwinklig angeschmolzen. Das aus dünnem Glase mit möglichst kleinem Quecksilbergefäß bestehende Thermometer hat eine verstellbare Skala, die vor jedem Versuch auf den Dampf siedenden Wassers eingestellt wird. Die Teilung ist für 90er und 50er (bzw. Handelsbenzol I und II) in $\frac{1}{2}$°, für Reinbenzol und Reinteluol in $\frac{1}{10}$° vorgenommen.

Die Blase steht auf einer Asbestplatte mit einem kreisförmigen Ausschnitt von 50 mm Durchmesser. Der Ofen besitzt, 10 mm vom oberen Rande entfernt, Öffnungen zum Austritt der Verbrennungsgase. Zum Erhitzen dient ein Bunsenbrenner von 7 mm Öffnung. Die Flamme muß rein blau sein.

Der Liebigsche Kühler hat eine Länge von 800 mm und ist so geneigt, daß der Ausfluß 100 mm tiefer liegt als der Eingang.

Für die Bestimmung nimmt man 100 ccm, und die Destillation ist so zu leiten, daß in der Minute 5 ccm übergehen, das sind in

---

[1]) Nach Dr. Krämer und Dr. Spilker.

der Sekunde annähernd 2 Tropfen. Man notiert den Siedepunkts-
beginn, wo der erste Tropfen in den Meßzylinder fällt, und dann
die Anzahl Kubikzentimeter, welche von 5 zu 5 Grad übergehen,
z. B. von 81—85⁰, dann von 85—90⁰ und so fort, bis im ganzen
95 ccm übergegangen sind.

### b) Bestimmung der einzelnen Fraktionen.

1 kg der Probe wird in einer Kupferblase
(Fig. 17), welche eine Le-Bel-Henniger-
sche 6-Kugelkolonne trägt, die mit
einem Thermometer mit verstellbarer Skala
versehen ist, unter Verwendung eines
Kühlers von denselben Abmessungen wie
bei der Bestimmung des Siedepunktes
destilliert. Die einzelnen Fraktionen
werden in tarierten Glaskolben aufgefangen, durch Wägung bestimmt und in
Prozente umgerechnet. Nach Dr. Krämer
und Dr. Spilker werden folgende
Fraktionen abgenommen.

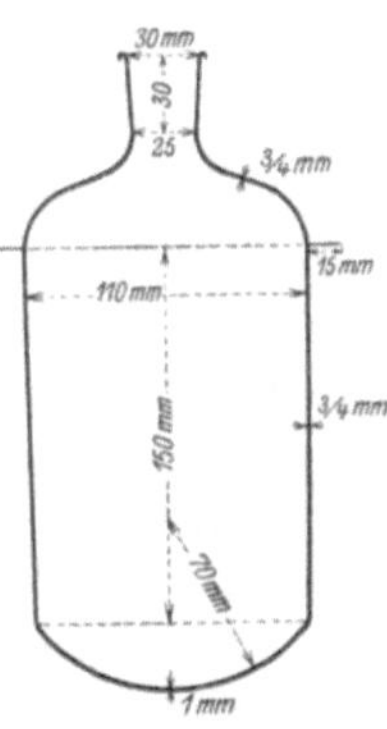


Fig. 17.

Bei Benzol I und II

bis 79⁰ = Vorlauf,
79— 85⁰ = Benzol,
85—105⁰ = Zwischenfraktion,
105—115⁰ = Toluol,
Rest = Xylol..

Bei Reinbenzol (80/81 er Benzol)

bis 79⁰ = Vorlauf,
79—81⁰ = Benzol,
Rest = Nachlauf.

Bei Toluol

bis 109⁰ = Vorlauf,
109—110,5⁰ = Toluol,
Rest = Nachlauf.

Bei Xylol

bis 135⁰ = Vorlauf,
135—137⁰ = p-Xylol,

$$137-140^0 \;=\; \text{m-Xylol},$$
$$140-145^0 \;=\; \text{o-Xylol},$$
$$\text{Rest} \;=\; \text{Nachlauf}.$$

### c) Bestimmung des spezifischen Gewichtes.

Dieselbe geschieht mit einer genauen Aräometerspindel oder besser mit der Westphalschen Wage.

### d) Schwefelsäurereaktion.

5 ccm der Probe werden in einem Stöpselglas von annähernd 15 ccm mit 5 ccm konzentrierter $H_2SO_4$ fünf Minuten lang kräftig geschüttelt und nach 2 Minuten langem Stehen mit einer Kalium-bichromat-Schwefelsäure-Lösung verglichen. Zu diesem Zweck bereitet man sich verschiedene Lösungen, die $0,1-2,5$ g Kalium-bichromat in 1 Liter 50proz. reiner $H_2SO_4$ enthalten. Von diesen Lösungen nimmt man für den einzelnen Vergleich in ein Stöpsel-glas von denselben Maßen je 5 ccm und überschichtet sie mit 5 ccm reinem Benzol.

Die Stärke der Reaktion wird in der Anzahl der Gramm Kaliumbichromat angegeben, welche die betreffende Vergleichs-lösung in 1 Liter hat.

### e) Bromreaktion für gewaschene Benzole.

5 ccm der mit einer Pipette abgenommenen Probe werden in ein Stöpselglas von annähernd 50 ccm Inhalt gebracht; dazu fügt man 10 ccm $H_2SO_4$ (20proz.) und läßt aus einer Bürette schnell so viel $^1/_{10}$-Normal-Kaliumbromat-Kaliumbromidlösung (Titerlösung 11b S. 175) zufließen, bis nach kräftigem Schütteln und 5 Minuten langem (aber nicht längerem) Stehenlassen das Benzol orange gefärbt ist und ein Tropfen desselben auf feuchtem Jodzinkstärkepapier, das frisch bereitet worden ist, einen deut-lichen blauen Fleck erzeugt.

1 ccm $^1/_{10}$-Normal-Kaliumbromid-Kaliumbromatlösung ent-spricht 0,008 g Br, und diese Brommenge ist direkt bezogen auf 100 ccm Benzol anzugeben.

Nachstehende Tabelle gibt uns für die einzelnen Benzole die Typen an, welche bei gewaschenen Benzolen eingehalten werden müssen.

## Typen für die verschiedenen Benzole.

| Bezeichnung | Siedegrenze in Graden C Es müssen übergehen: | Spez. Gew. $15^0/4^0$ C | Zulässige Schwefelsäure-Reaktion | Farbe | Brom-verbrauch | Bemerkungen |
|---|---|---|---|---|---|---|
| 90er Rohbenzol | 90 bis $93^0/_0$ bis $100^0$ | 0,86—0,88 | | | | |
| Gereinigtes 90er Benzol | 90 ,, $93^0/_0$ ,, $100^0$ | etwa 0,88 | 1,5 | wasserhell | höchstens 0,8 | |
| ,, 50er ,, | $50^0/_0$ bis $100^0$, $90^0/_0$ bis $120^0$ | ,, 0,88 | 1,5 | ,, | 0,4 für Farben-benzol | |
| Reinbenzol | $90^0/_0$ innerhalb $0,6^0$ / $95^0/_0$ ,, $0,8^0$ | ,, 0,88 | 0,3 | ,, | höchstens 0,5 | keine Gewähr für den Erstarrungs-punkt. |
| Rohtoluol | $90^0/_0$ innerhalb 100 u. $120^0$ | | | | | |
| Gereinigtes Toluol | $90^0/_0$ ,, 100 u. $120^0$ | etwa 0,87 | weingelb | ,, | höchstens 0,8 | |
| Reintoluol | $90^0/_0$ innerhalb $0,6^0$ / $95^0/_0$ ,, $0,8^0$ | ,, 0,87 | 0,3 | ,, | ,, 0,8 | |
| Rohxylol | $90^0/_0$ innerhalb 120 u. $150^0$ | | | wasserhell bis gelb-lich | | |
| Gereinigtes Xylol | $90^0/_0$ innerhalb 120 u. $145^0$ | etwa 0,86 | weingelb | wasserhell | | lichtbeständig. |
| Reinxylol | $90^0/_0$ innerhalb $3,6^0$ / $95^0/_0$ ,, $4,5^0$ | ,, 0,86 | 2,0 | ,, | höchstens 2,5 | |
| Rohe Solventnaphtha | $90^0/_0$ innerhalb 120 u. $180^0$ | etwa 0,87 | | | | technisch frei von Phenolen und Basen, nicht mit konz. Schwefel-säure gewaschen. |
| Gereinigte Solv.-Naphtha I | Beginn der Destillation nicht unter $120^0$, mindestens $90^0/_0$ müssen bis $160^0$ über-gehen | | weingelb | wasserhell bis schwach gelblich | | lichtbeständig, schwach und mild von Geruch. |
| Gereinigte Solv.-Naphtha II | $90^0/_0$ innerhalb 135 u. $180^0$ | 0,89 und höher | Ausscheidung braun-gelber, harzhaltiger Massen gestattet | wasserhell bis gelb | | nicht ganz licht-best., milder, nicht rohteer-öliger Geruch. Spuren von Phe-nolen und Basen sind zulässig, nicht mit konz. Schwefelsäure gewaschen. |
| Schwerbenzol | unter $200^0$ siedend | | | | | |

### 3. Waschöle für die Benzolwäsche.

**(Frische und im Betrieb sich befindende.)**

Es werden darin bestimmt: Wasser, Siedepunkt, Naphtalin, saure Öle und Asphalt.

a) **Wasser.** Die Bestimmung geschieht genau so wie beim Teer durch Abdestillieren (vgl. S. 130).

b) **Siedepunkt.** Diese Bestimmung kann mit der des Wassers vereinigt werden, es darf aber kein Benzolzusatz erfolgen. Man notiert die Menge des Destillates, das bei 200, 250 und 300⁰ übergegangen ist, vermindert um den Wassergehalt. Sollen die einzelnen Fraktionen in Gewichtsprozenten angegeben werden, so sind dieselben ebenso wie das zur Untersuchung genommene Waschöl abzuwägen.

c) **Naphthalin.** 500 g werden bis 250⁰ abdestilliert, das Destillat läßt man 24 Stunden bei 12—15⁰ stehen. Das abgeschiedene Naphthalin wird durch Abnutschen und Pressen zwischen Filtrierpapier von dem anhaftenden Öl befreit, gewogen und auf Gewichtsprozente berechnet.

d) **Saure Öle.** 100 ccm Waschöl werden bis 300⁰ abdestilliert, das Destillat in einen mit eingeriebenem Glasstopfen versehenen Meßzylinder von 200 ccm gebracht, in welchem sich schon 100 ccm Natronlauge (10 proz.) befinden. Dann schüttelt man ¼ Stunde kräftig, läßt absitzen und bestimmt die Volumzunahme der Natronlauge in Kubikzentimetern, welche direkt den Prozentgehalt an sauren Ölen annähernd ergeben.

e) **Asphalt.** 1 g Waschöl wird in einem vorher gewogenen hohen, offenen Porzellantiegel vorsichtig auf der Heizplatte so erhitzt, daß nichts verspritzt und der größte Teil des Öls sich verflüchtigt. Jetzt deckt man den Tiegel zu und erhitzt auf annähernd 400⁰, bis keine Dämpfe mehr entweichen, läßt erkalten und wägt. Der ermittelte Asphalt wird gleichfalls auf Prozente berechnet.

# 13. Gase.

## 1. Analyse.

Bei der Gasanalyse, soweit sie für Eisenhüttenlaboratorien in Betracht kommt, liegen Gasgemenge vor, deren Einzelbestandteile zu bestimmen sind. Diese Bestimmung geschieht entweder

durch direkte Absorption oder aber durch Verbrennung mit
darauf folgender Absorption.

Bei der hüttentechnischen Gasanalyse handelt es sich — von
Spezialfällen abgesehen — um folgende Gase:

1. Kohlensäure.
2. Schwere Kohlenwasserstoffe.
3. Sauerstoff.
4. Kohlenoxyd.
5. Wasserstoff.
6. Methan.
7. Stickstoff.

Liegt ein derartiges Gemenge vor, so kann man durch auf-
einanderfolgende Einwirkungen verschiedener chemischer Agentien
1—4 entfernen und durch die beobachtete Volumabnahme in
jedem Falle die Menge des absorbierten Bestandteiles ermitteln;
5 und 6 werden durch Verbrennung mit nachfolgender Absorption
bestimmt und 7 endlich durch Differenzrechnung ermittelt.

Für die einzelnen Gase wendet man folgende Absorptionsmittel an:

a) **Kohlensäure** absorbiert man mit 15proz. Kalilauge.

b) **Die schweren Kohlenwasserstoffe** werden mit
rauchender Schwefelsäure zerstört; dabei gehen $SO_3$-Dämpfe
in den Gasrest und müssen durch Behandeln mit Kalilauge
daraus entfernt werden.

c) **Vom Sauerstoff** wird das Gas befreit, entweder durch
alkalische Pyrogallol-Lösung oder durch Natriumhydrosulfit-
lösung. Die Pyrogallol-Lösung besteht aus einem Teil 33proz.
Pyrogallol-Lösung in Wasser und drei Teilen 60proz. Kalilauge.
Die Natriumhydrosulfitlösung wird gemischt aus vier Teilen
5proz. $Na_2S_2O_4$-Lösung und einem Teil 10proz. Natronlauge.

d) **Für Kohlenoxyd** nimmt man ammoniakalisches Kupfer-
chlorür, und zwar eine Auflösung von 70 g CuCl in einem Liter
$NH_3$ (0,97).

Zur Herausnahme der Einzelbestandteile des Gasgemenges
dienen zwei verschiedene Kategorien von Apparaten: 1. solche,
in denen die Absorption im Meßrohr selbst geschieht, 2. solche,
in denen die Absorption in besonderen Apparaten bewirkt wird,
die entweder nach Bedarf mit dem Meßrohr zu vereinigen sind
oder aber dauernd mit ihm in Verbindung stehen.

Zur ersten Kategorie von Apparaten gehört die Gasbürette von Bunte; zur zweiten die von Hempel bzw. der Orsat-Apparat.

Die Buntesche Bürette (Fig. 18) wird hauptsächlich zur Analyse von Rauchgasen benutzt. Man wendet stets 100 ccm Gas an und vermeidet durch entsprechendes Arbeiten die Reduktion der gefundenen Resultate auf Normaldruck und Temperatur.

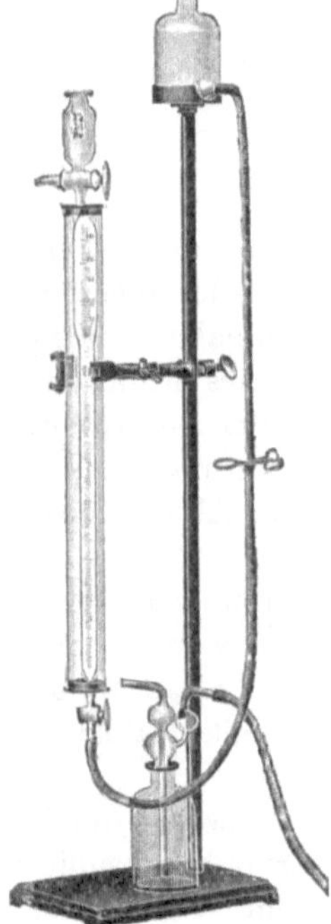

Fig. 18.

Die Meßröhre entspricht in ihrem oberen Teil vollständig einem Nitrometer. Zur Ausführung der Analyse füllt man zunächst die ganze Bürette mit Wasser und saugt durch Öffnen des unteren Hahnes etwas mehr als 100 ccm Gas an. Mit Hilfe der Druckflasche komprimiert man das Gas auf weniger als 100 ccm und läßt dann so viel Wasser ab, daß das Flüssigkeitsniveau sich genau auf die Nullmarke einstellt, und füllt gleichzeitig auch den Trichter bis zur Marke. Der Überdruck, der dadurch entstanden ist, daß man anfangs mehr als 100 ccm Gas angesaugt hatte, wird durch kurzes Öffnen des oberen Hahnes entfernt. Nach dieser Operation steht das genau 100 ccm betragende Gasvolumen in der Meßröhre unter dem Druck der Atmosphäre, vermehrt um den Druck der kleinen Wassersäule im Trichter. Dieser selbe Zustand muß nach den einzelnen Absorptionen natürlich auch wieder hergestellt werden.

Um die Absorptionsmittel in die Bürette einzuführen, saugt man durch den unteren Hahn einen Teil des Wassers ab und bringt die betreffenden Absorptionsmittel in einem kleinen Schälchen unter die Bürette. Infolge des Unterdruckes werden sie dann eingesaugt. Man beschleunigt die Absorption durch mehrmaliges Schütteln der Bürette. Die Absorptionslösung wird jedesmal durch Wasser ausgewaschen.

Bei der Hempelschen Bürette (Fig. 19) sind Meßraum und Absorptionsraum getrennt. Will man einen Bestandteil des Gases bestimmen, so verbindet man den Meßapparat mit dem entsprechenden Absorptionsapparat. Der Meßapparat besteht aus dem Druckrohr und dem Meßrohr. Die Absorption findet in den Gaspipetten statt.

Durch Senken des Druckrohres saugt man etwas mehr als 100 ccm des zu untersuchenden Gases an, komprimiert, stellt genau auf den Nullpunkt ein und läßt den Überdruck ab. Alsdann stellt man die Verbindung zwischen Meßrohr und Gaspipette mittels einer Kapillare her und drückt das Gas in die Pipette über. Nach beendigter Absorption wird das Gas durch Senken des Druckrohres zurückgesaugt und nach Schließen des Quetschhahnes bei gleichem Niveaustand abgelesen.

Die Hempelsche Apparatur wird vor allem bei der Analyse von Heizgasen verwandt, d. h. also bei solchen, die Wasserstoff und Methan enthalten. Diese letzteren Gase können bekanntlich nicht direkt absorbiert werden [1] (vgl. Abschnitt 3 dieses Kapitels), sondern müssen verbrannt werden. Diese Verbrennung geschieht am

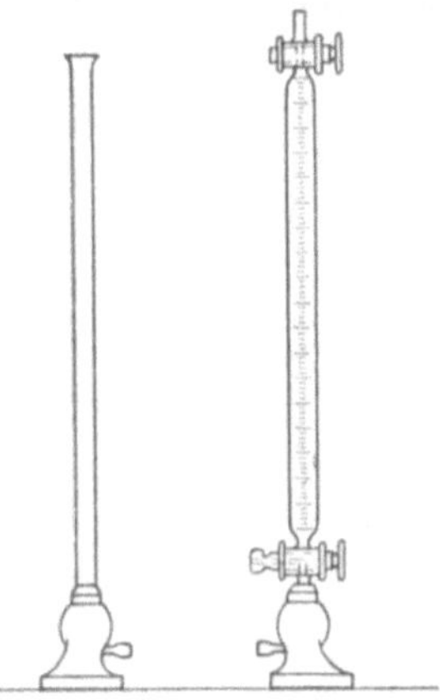

Fig. 19.

einfachsten mit Hilfe der Drehschmidtschen Kapillare unter Zuhilfenahme der Hempelschen Gasbürette und Pipette. Deshalb folge an dieser Stelle ihre Beschreibung.

Die Drehschmidtsche Platinkapillare besteht aus einem dünnwandigen Platinrohr von 20 cm Länge, an dessen Enden kurze kupferne Kühlstücke mit Schlauchansatz angebracht sind. Die Drehschmidtsche Kapillare schaltet man zwischen Gasbürette und Gaspipette ein.

Die Bestimmung des Wasserstoffs und Methans geschieht in folgender Weise.

Nachdem die andern Gasbestandteile absorbiert sind, besteht der sogenannte Gasrest aus Wasserstoff, Methan und Stickstoff. Davon läßt man etwa 15 ccm in der Bürette, während der andere

---

[1] Die von Brunck zur Absorption von Wasserstoff empfohlene kolloidale Palladiumlösung, die einen Zusatz von Natriumpikrat enthält, hat sich unsres Wissens bisher in der Praxis noch nicht einbürgern können.

Teil für etwaige Kontrolluntersuchungen in eine mit Wasser gefüllte Gaspipette übergedrückt wird. Der in der Bürette verbliebene Teil wird genau abgemessen und mit dem fünffachen Volumen Luft verdünnt. Dieses Gasgemisch wird aus dem Meßrohr durch die erhitzte Platinkapillare hindurch in eine ebenfalls mit Wasser gefüllte Absorptionspipette hineingedrückt, dann wieder zurückgesaugt und dieses Verfahren zwei- bis dreimal wiederholt. Hierbei verbrennt der Wasserstoff zu Wasser und das Methan zu Kohlensäure und Wasser, und zwar geht diese Verbrennung in folgenden Volumverhältnissen vor sich:

$$2 \text{ Vol. } H_2 + 1 \text{ Vol. } O_2 = 0 \text{ Vol. } H_2O \text{ (flüssig).}$$

$$1 \text{ Vol. } CH_4 + 2 \text{ Vol. } O_2 = 1 \text{ Vol. } CO_2 + 0 \text{ Vol. } H_2O \text{ (flüssig).}$$

Die durch die Verbrennung eingetretene Kontraktion betrage a ccm. Behandelt man dann das zurückbleibende Gas mit

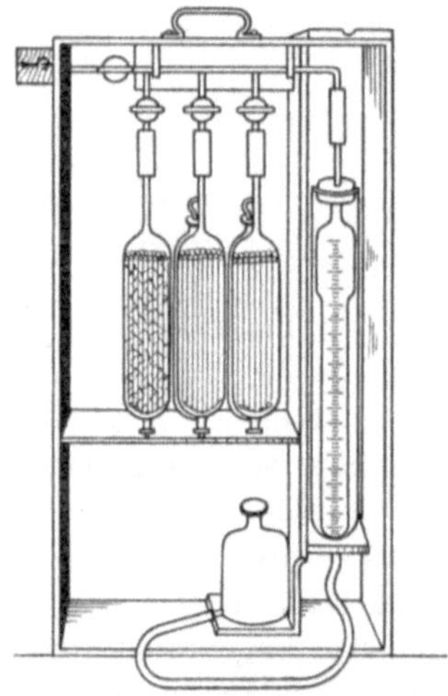

Fig. 20.

Kalilauge, so wird die gebildete Kohlensäure absorbiert, und die hierdurch bewirkte Kontraktion sei b ccm. In den zur Verbrennung gebrachten 15 ccm Gas waren also b ccm Methan und $\frac{2}{3}$ (a — 2 b) ccm Wasserstoff. Die so gefundenen Zahlen müssen natürlich, um den Prozentgehalt an Wasserstoff und Methan in dem ursprünglichen Gas zu finden, auf den Gesamtgasrest umgerechnet werden.

Auch im Orsat-Apparat (Fig. 20) sind Meßraum und Absorptionsraum getrennt. Sie stehen jedoch in dauernder Verbindung miteinander. Der Orsat-Apparat dient in seiner einfachen Ausführung fast ausschließlich der Untersuchung von Rauchgasen [1]). Entsprechend dem Zwecke des

---

[1]) Zur Bestimmung von Generator- und Heizgasen, d. h. von solchen Gasen, die Wasserstoff und Methan enthalten, ist der Orsat-Apparat in verschiedener Ausführung abgeändert und erweitert worden. Alle diese Einrichtungen aber haben den Apparat kompliziert und unhandlich gemacht, und damit verliert er seinen größten Vorteil, nämlich den der Einfachheit und der Bequemlichkeit.

Apparates, zur Analyse von Rauchgasen zu dienen, trägt er nur drei Absorptionsgefäße, wie aus der Abbildung ersichtlich. Das erste Absorptionsgefäß ist mit Kalilauge, das zweite mit Natriumhydrosulfit-Lösung, das dritte mit ammoniakalischer Kupferchlorür-Lösung gefüllt.

Die Rauchgasanalyse wird mit dem Orsat-Apparat in folgender Weise vorgenommen:

Man füllt zunächst das Meßrohr bei offenem Dreiwegehahn, schließt dann diesen und saugt durch Senken der Niveauflasche die einzelnen Absorptionsflüssigkeiten bis zu den Marken. Dann füllt man das Meßrohr bis zur Nullmarke und entfernt bei ge-

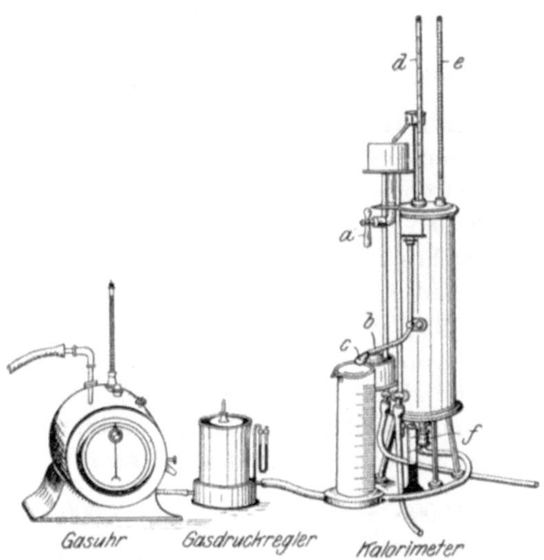


Fig. 21.

schlossenem Dreiwegehahn durch Saugen mit dem Saugball die Luft aus der Gasleitung, öffnet den Dreiwegehahn und saugt durch Senken der Niveauflasche etwas mehr als 100 ccm Gas an, dann wird komprimiert, genau auf 100 eingestellt und der Über-druck durch kurzes Öffnen des Dreiwegehahnes entfernt. Das Gas drückt man alsdann mittels der Niveauflasche in die einzelnen Absorptionsgefäße nacheinander über und mißt die jedesmal stattgefundene Volumverminderung.

## 2. Heizwert.

Die Heizwertbestimmung von Gasen geschieht am genauesten mit dem Kalorimeter von Junkers [1]).

Die Aufstellung des Kalorimeters mit seinen verschiedenen Hilfsapparaten ergibt sich aus Fig. 21.

Zur Bestimmung des Heizwertes läßt man eine bestimmte Menge Gas (G Liter) innerhalb eines wasserdurchspülten Blechmantels verbrennen, mißt die Menge (W Liter) und die Temperaturerhöhung des Kühlwassers $(T_1 - T_2)$ und ferner die Menge des bei der Verbrennung selbst gebildeten Wassers (w ccm). Aus diesen verschiedenen Daten läßt sich dann der obere und untere Heizwert des Gases leicht berechnen. Der obere Heizwert von 1 cbm Gas $= 1000 \cdot \dfrac{W}{G} \cdot (T_1 - T_2)$.

In diesem oberen Heizwert ist diejenige Wärme mitgemessen, die bei der Kondensation des in den Verbrennungsgasen enthaltenen Wasserdampfes entsteht. Um nun auch den unteren Heizwert [2]) feststellen zu können, braucht man nur das Kondensationswasser, welches durch das am Boden des Kalorimeters befindliche Röhrchen f abfließt, in einer kleinen Mensur aufzufangen; man multipliziert die Anzahl Kubikzentimeter des bei der Verbrennung von 1 Liter Gas gebildeten Kondensationswassers mit 600 und zieht die so erhaltene Zahl von dem mit dem Kalorimeter gefundenen Heizwert eines Kubikmeters Gas ab. Der untere Heizwert von 1 cbm Gas ist also

$$= 1000 \cdot \frac{W}{G} \cdot (T_1 - T_2) - \frac{w}{G} \cdot 600.$$

Nachdem die einzelnen Teile miteinander durch Schlauchleitungen verbunden sind, leitet man durch Öffnen des oberen Einstellhahnes a Wasser in das Kalorimeter ein. Durch die in der oberen Tasse angebrachte Überlaufsvorrichtung wird erreicht, daß stets eine unveränderliche Wasserdruckhöhe vorhanden ist. Das Kalorimeter ist gefüllt, wenn das Wasser durch den Schwenk-

---

[1]) Das Junkersche Gaskalorimeter wird in den Handel gebracht von der Firma Junkers & Co. in Dessau.

[2]) Der untere Heizwert, auch der praktische Heizwert genannt, kommt überall da in Frage, wo die Heizgase mit Temperaturen von über 65° abgehen, was in der Praxis fast immer der Fall ist.

arm b in die untere seitliche Tasse c austritt. Nachdem man sich überzeugt hat, daß die Gasleitung dicht ist, nimmt man den Brenner heraus, zündet ihn außerhalb des Kalorimeters an und stellt ihn dann wieder in dasselbe hinein. Die Größe der Flamme ist je nach dem Heizwert der Gase zu regulieren. Bei Kokereigas läßt man 100—250 Liter pro Stunde, bei Generatorgas 600 bis 900 Liter pro Stunde verbrennen. Die Schnelligkeit des Wasserdurchflusses ist so zu regeln, daß die an den Thermometern d und e abgelesene Temperaturdifferenz des ein- und austretenden Wassers 10—20° beträgt.

Bei Einführung des Brenners in das Kalorimeter steigt zunächst die Temperatur des Abflußwassers, bis sie nach einigen Minuten ihren Stillstand erreicht hat.

Damit sind alle Vorbereitungen zur eigentlichen Bestimmung getroffen.

In dem Augenblicke, in dem der Zeiger der Gasuhr durch eine ganze Zahl geht, leitet man durch schnelles Umschwenken des Schwenkarmes b das ausfließende Wasser von der Tasse c in das davorstehende große Meßgefäß. In regelmäßigen Zwischenräumen liest man die Temperatur an beiden Thermometern ab, um ein genaues Mittel zu erhalten, wenn kleine Temperaturschwankungen auftreten sollten. Sobald die Gasuhr anzeigt, daß eine bestimmte Gasmenge, etwa 3—5 Liter, verbrannt ist, dreht man den Schwenkarm wieder über die Tasse c zurück. An dem Meßgefäß läßt sich direkt die Menge des durchgeflossenen Wassers ablesen, und damit sind alle notwendigen Unterlagen zur Berechnung des Heizwertes gegeben.

### 3. Staubbestimmung im Gichtgas [1].

#### a) Gereinigtes Gas.

Seitdem die Gichtgase allgemein Verwendung für den Gasmotorenbetrieb finden und für diesen Zweck möglichst staubfrei sein müssen, ist eine regelmäßige Bestimmung des in den Gichtgasen enthaltenen Staubes unerläßlich.

Bekannt sind folgende Methoden: 1. Filtration durch eine zusammenhängende dünne Filterschicht (Filtrierpapier), 2. Fil-

---

[1] Siehe Berichte der Chemiker-Kommission vom Verein deutscher Eisenhüttenleute 1911, Dr. O. Johannsen, Bericht Nr. 6.

tration durch Schüttstoffe und 3. Abscheiden des Staubes durch Waschen mit Wasser. Nur die erste Methode liefert richtige und einwandsfreie Resultate. Daher soll auch nur diese Methode näher beschrieben werden.

Die Entnahme der Gasprobe soll möglichst nahe an der Verbrauchsstelle erfolgen, demnach nahe an dem Gasmotor, da sich unterwegs in den Gasleitungen noch kleinere oder größere Mengen von Staub absetzen.

Die Filtration durch Filtrierpapier geschieht entweder durch solches in Scheibenform, also gewöhnliche Filter, oder nach Simon durch Extraktionshülsen, die von Schleicher und Schüll in den Handel gebracht sind.

Vom Filtrierpapier reicht die Qualität aus, welche der Marke Nr. 589 Weißband der Firma Schleicher und Schüll entspricht.

Dieselbe Firma bringt auch die Extraktionshülsen

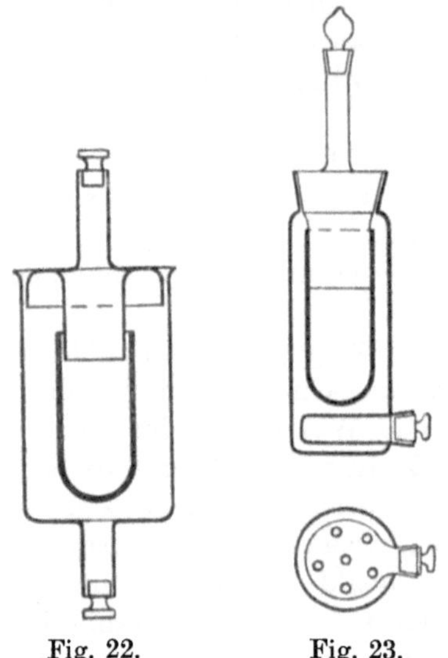

Fig. 22.        Fig. 23.

in den Handel, und zwar 3 Gattungen, mit einfacher, doppelter und dreifacher dichter Einlage, wovon die erste Sorte schon vollständig hinreicht.

1. Verwendung von Filtrierpapier. Das Gichtgas wird, wenn es nicht genügend Druck besitzt, mittels einer Gasuhr durch ein zweiteiliges Gehäuse, das mit Ein- und Ausgangsrohr versehen ist, hindurch gesaugt. Die beiden Teile haben einen Flansch mit glatter Dichtungsfläche, und wird zwischen denselben das Filter eingespannt. Dasselbe ist an beiden Seiten am Flanschen durch Gummiringe gedichtet. Um ein Durchreißen des Filters zu verhindern, empfiehlt es sich, unter diesem ein feinmaschiges Messingdrahtnetz anzubringen.

2. Anwendung von Extraktionshülsen. Diese Hülsen werden in einem aus der Zeichnung ohne weiteres verständlichen

Glasgehäuse befestigt. Außer dem Simonschen Apparat (Fig. 22) bewährt sich gut die Abänderung nach Dr. Dave (Fig. 23), welche noch handlicher ist.

Bei nassen Gasen empfiehlt es sich, die Apparate, welche das Filtrierpapier oder die Extraktionshülsen enthalten, in einem heizbaren Blechkasten unterzubringen. Die Heizung erfolgt durch eine elektrische Glühlampe. Die Temperatur darf nicht über 100° gehalten werden, besonders wenn, wie aus nachfolgendem zu entnehmen ist, die Bestimmung der Staubmenge nachher nur durch Trocknen und Wägen und nicht durch Veraschung des Filters erfolgt.

Zu jedem Versuche soll eine Gasmenge von mindestens 500 Liter, möglichst aber sogar über 1 cbm angewandt werden.

Die **Bestimmung der Staubmenge** kann auf zweierlei Arten erfolgen.

1. Durch Trocknen. Die Filter bzw. die Hülsen werden vor und nach dem Versuche bei einer 100° nicht übersteigenden Temperatur getrocknet und gewogen. Wenn zwar die Wägung an sich völlig einwandsfrei ist, ist es doch schwer möglich, Papier auf gleichbleibendes Gewicht zu bringen. Es stellt sich beim Trocknen ein Gleichgewicht zwischen der relativen Feuchtigkeit der Außenluft und der Dampfspannung des in der Zellulose enthaltenen Wassers ein. Auch tritt beim andauernden Erhitzen auf wenig über 100° C ein langsamer Zerfall der Zellulose unter Verkohlung ein. Die Temperatur darf deshalb 100° nicht überschreiten und muß konstant bleiben. (Siehe Fußnote S. 147.)

2. Durch Veraschen nach Martius. Das Filtrierpapier bzw. die Extraktionshülsen werden bei möglichst niedriger Temperatur verascht. Von dem Gewicht des Glührückstandes kommt das Aschengewicht des Filters oder der Hülse in Abzug.

Diese Bestimmung hat den Vorteil der Sicherheit, sie fällt aber um die Menge des Glühverlustes zu niedrig aus. Einerseits aber ist dieser in dem Staube, der kurz vor den Gasmotoren genommen ist, nicht bedeutend, anderseits kann man sich auch von dem Staube an der Stelle der Probeentnahme eine größere Menge besorgen und den Glühverlust in der bei 100° getrockneten Probe bestimmen. Er muß dann bei der Berechnung Berücksichtigung finden. Da der Staub, was den Glühverlust angeht, an der gleichen Stelle der Probeentnahme sich nur wenig ändern wird, kann der gefundene Glühverlust für längere Zeit in Rechnung gesetzt werden.

Die von Dr. O. Johannsen (siehe l. c.) veröffentlichten Kontrollanalysen beweisen, daß beide Bestimmungsmethoden bei genauer Durchführung richtige Resultate geben.

### b) Rohgas.

Unmittelbar an der Gicht kann man keine Staubbestimmungen ausführen, da der Gichtstaub beim ruckweisen Fallen der Gichten unregelmäßig herausgeschleudert wird und in gar keinem Zusammenhange mit der während derselben Zeit aus dem Ofen entströmenden Gichtgasmenge steht.

In dem von der Gicht abwärts führenden Vertikalrohr kann die auf eine Zeiteinheit bezogene Menge von schwerem Gichtstaub festgestellt werden, indem man in dieses Rohr eine kleine Flasche einführt, den darin aufgefangenen Staub in einer bestimmten Zeit ermittelt und unter Berücksichtigung der Weite des Flaschenhalses auf den Querschnitt des ganzen Rohres berechnet. Diese erhaltenen Resultate stimmen mit den Betriebsergebnissen überein.

Staubbestimmungen in Rohgasen durch Filtration liefern erst dann verläßliche Resultate, wenn der grobe Staub sich bereits abgesetzt hat, d. h. wenn das Gas eine längere Rohrleitung passiert hat, und so dem groben Staub Gelegenheit und Zeit gegeben wird, sich niederzuschlagen.

Hier empfiehlt es sich, Scheiben aus Filtertuch zu verwenden und sie nicht horizontal, sondern vertikal einzuspannen. Der Staub setzt sich auf dem Filtertuch ab und wird von dort durch einen Schüttelapparat von Zeit zu Zeit abgeklopft. Staub und Filtertuch werden nach Beendigung des Versuches verascht und das Gewicht der Tuchasche abgezogen.

# 14. Wasseruntersuchung.
## A. Ungereinigtes Wasser.

Um festzustellen, ob ein Wasser ohne vorherige Reinigung direkt als Kesselspeisewasser Verwendung finden kann, ist eine Bestimmung seiner Härte erforderlich. Unter der Härte eines Wassers versteht man seinen Gehalt an Erdalkalien.

Man unterscheidet die permanente und die temporäre Härte. Unter der permanenten Härte versteht man die Härte, die hervorgerufen wird durch Anwesenheit von Erdalkalisalzen der starken Säuren, wobei hauptsächlich Calciumsulfat in Betracht kommt. Die temporäre Härte ist bedingt durch Erdalkalibikarbonate. Man nennt diese letztere Härte temporär, weil die Erdalkalikarbonate im Wasser in Form von Bikarbonaten gelöst sind und beim Kochen des Wassers sich abscheiden, im Gegensatz zu den Erdalkalisalzen der starken Säuren, die beim Kochen in Lösung bleiben. Die Gesamthärte umfaßt die permanente und die temporäre Härte.

Wie schon gesagt, kommen hauptsächlich die Salze des Calciums in Betracht. Magnesium spielt in der Mehrzahl der Fälle nur eine untergeordnete Rolle dabei. Deshalb drückt man auch die Härte eines Wassers stets in Teilen Calciumsalz aus. Der Fehler, der dadurch entsteht, ist bei niedrigem Magnesiumgehalt ganz unbedeutend. Die Härte des Wassers wird angegeben in sogenannten Härtegraden, und zwar unterscheidet man die deutschen Härtegrade und die französischen Härtegrade.

Ein deutscher Härtegrad = 1 Teil CaO in 100 000 Teilen Wasser.

Ein französischer Härtegrad = 1 Teil $CaCO_3$ in 100 000 Teilen Wasser.

Die Bestimmung der Härte erfolgt durch Titration nach Hehner [1]).

### 1. Bestimmung der temporären Härte.

Man titriert 100 ccm des zu untersuchenden Wassers unter Zugabe von einigen Tropfen Methylorange, am besten in einer weißen Porzellanschale oder in einem Becherglas mit weißer Unterlage mit $^1/_{10}$ Normal-Schwefelsäure (Titerlösung 9, S. 173) bis zum Farbenumschlag. Aus der verbrauchten Anzahl Kubikzentimeter ergibt sich der Gehalt des Wassers an Karbonat. Da 1 ccm $^1/_{10}$ Normal-$H_2SO_4$ 0,0050 mg $CaCO_3$ oder 0,0028 mg CaO entspricht, so ergibt sich bei einer Bestimmung von 100 ccm Wasser die Anzahl der deutschen bzw. französischen Härtegrade

---

[1]) Ein Gehalt an Alkalikarbonat verursacht bei Anwendung dieser Methode unrichtige Resultate, doch ist bei gewöhnlichen Gebrauchswässern ein derartiger Gehalt nicht zu befürchten.

durch Multiplikation der verbrauchten Anzahl Kubikzentimeter $^1/_{10}$ Normal-$H_2SO_4$ mit 2,8 bzw. 5.

### 2. Bestimmung der permanenten Härte.

Man versetzt 100 ccm des zu untersuchenden Wassers mit überschüssiger $^1/_{10}$ Normal-Natriumkarbonatlösung (Titerlösung 8, S. 173), dampft auf dem Wasserbade zur Trockene, löst in ausgekochtem, d. h. kohlensäurefreiem Wasser, filtriert, wäscht aus, läßt erkalten und titriert im Filtrat den Überschuß an Natriumkarbonat mit $^1/_{10}$ Normal-Schwefelsäure (Titerlösung 9, S. 173) zurück. Die Differenz zwischen der verbrauchten Anzahl Kubikzentimeter Natriumkarbonatlösung und Schwefelsäurelösung gibt uns die Menge Natriumkarbonat, die zur Fällung der Erdalkalisalze verbraucht wurde, an.

Daraus errechnet sich in gleicher Weise wie oben der Gehalt an CaO bzw. $CaCO_3$.

## B. Gereinigtes Wasser.

Zur Reinigung des Wassers, d. h. zur Verminderung der Härte behandelt man es mit Soda und Kalk. Der Zusatz dieser Reinigungsmittel muß so bemessen werden, daß seine Menge gerade hinreicht, die Kalk- und Magnesiumsalze zur Ausfällung zu bringen. Ein Überschuß ist schädlich und deshalb sorgfältig zu vermeiden.

Ein gereinigtes Wasser ist zunächst qualitativ auf seine Reaktion zu prüfen; man kann aus dem Ausfall dieser Prüfung schließen, ob zu wenig oder zu viel Reinigungsmittel zugesetzt sind.

Daran schließt sich die Bestimmung der Härte, die wegen der Menge des gelösten Alkalikarbonates oder Ätzalkalis natürlich nicht durch Titration mit Normal-Säuren erfolgen kann. Die Titration läßt sich aber mit Seifenlösung von bekanntem Wirkungswert nach Clark ausführen [1]).

Besser ist es noch, den Kalk in gewöhnlicher Weise als Oxalat und das Magnesium als Magnesiumammoniumphosphat auszufällen und gewichtsanalytisch zu bestimmen. Die Härte des

---

[1]) Vgl. Lunge, Chemisch-technische Untersuchungsmethoden.

Wassers läßt sich aus den gefundenen Resultaten durch Umrechnen des Magnesiums auf die äquivalente Menge CaO feststellen.

## 15. Lagermetalle und Bronzen.

In Lagermetallen und Bronzen sind gewöhnlich zu bestimmen Pb, Bi, Cu, Sn, Sb, Fe und Zn, es können aber auch einige von diesen Elementen fehlen. Der Analysengang unterscheidet sich nur am Anfange, später ist er für alle Fälle derselbe. Die Einwage beträgt in allen Fällen 1 g.

Enthält die Legierung bedeutende Mengen von Cu und Zn oder auch eines von beiden, so empfiehlt es sich, die Probe in $HNO_3$ (1,4) aufzulösen, gerade zur Trockene abzudampfen und in $HNO_3$ (1,2) aufzunehmen. Zum Lösen nimmt man deshalb konzentrierte $HNO_3$, weil sich der Niederschlag, welcher das gesamte Sn und Sb enthält, dann leichter filtrieren läßt. Da er aber noch unrein ist, wird er nach dem Trocknen und schwachen Glühen in einer Reibschale fein gerieben und in derselben mit 6 g $Na_2CO_3$ und 6 g Schwefelblumen innig vermischt, dann in einem Porzellantiegel mit aufgelegtem Deckel bis zum Verschwinden der blauen Flämmchen geschmolzen. Alsbald löst man nach dem Erkalten in heißem Wasser und filtriert. Befürchtet man, daß der Aufschluß nicht vollständig ist, so glüht man den ausgewaschenen Niederschlag in einem Porzellantiegel und wiederholt nochmals den Aufschluß. Man nimmt dann aber nur 2 g $Na_2CO_3$ und 2 g Schwefelblumen. Das Filtrat von dem nunmehr auch im Wasser gelösten und filtrierten Rückstand wird mit dem ersten vereinigt. In diesem Filtrate ist sämtliches Sn und Sb enthalten, welche, wie weiter unten beschrieben, dann getrennt und bestimmt werden. Der Rückstand von dem Aufschluß wird schwach geglüht, in Königswasser gelöst und dann mit dem ersten salpetersauren Filtrate vereinigt. Er kann enthalten Pb, Bi, Cu, Fe und Zn.

In dem Falle, wo Cu und Zn in geringem Prozentsatz enthalten sind, kann man sich anfangs die Analyse vereinfachen. Man löst 1 g in HCl (1,19) bei tropfenweisem Zusatz von $HNO_3$ (1,4), bis die Legierung ganz gelöst ist. Dann setzt man dazu 5—10 g Weinsäure, verdünnt mit heißem Wasser, macht mit

Natronlauge schwach alkalisch und versetzt mit einer kochend heißen Lösung von $Na_2S$ im Überschuß, kocht schwach auf, läßt absitzen, filtriert und wäscht den Niederschlag mit schwefelnatriumhaltigem Wasser aus. Im Filtrate haben wir, wie oben, Sn und Sb. Der Rückstand wird schwach geglüht und in Königswasser aufgelöst. In dieser Lösung sind enthalten Cu, Pb, Bi, Fe und Zn.

## A. Trennung und Bestimmung von Sn und Sb.[1])

Diese Trennung, welche früher große Schwierigkeiten bereitete, gelingt bei genauer Durchführung vorzüglich, und es ist nur eine einmalige Trennung nötig. Man konzentriert die Lösung durch Abdampfen, spült sie in einen Meßkolben von 500 ccm, füllt bis zur Marke, schüttelt gut durch und nimmt 200 ccm davon ab für die Trennung des Sn vom Sb. In dieser Lösung darf nicht mehr als 0,3 g Sn und Sb zusammen enthalten sein. Wenn es der Fall ist, muß ein entsprechend kleiner Teil der Lösung genommen werden. Nun fügt man 6 g reinstes KOH und 3 g Weinsäure hinzu. Nachdem beide gelöst sind, läßt man aus einer Bürette so lange reinstes 30proz. $H_2O_2$ (Perhydrol) unter Umschwenken des Becherglases langsam zufließen, bis die gelbe Lösung vollständig entfärbt ist, und gibt dann noch 1 ccm als Überschuß zu. Nachher kocht man, um etwa vorhandenes Thiosulfat in Sulfat überzuführen und den größten Teil des überschüssigen $H_2O_2$ zu zerstören. Es darf keine starke O-Entwicklung mehr stattfinden. Man kühlt etwas ab und fügt für je 0,1 g des Metallgemisches bei aufgelegtem Uhrglase vorsichtig eine heiße Lösung von 5 g reinster umkrystallisierter Oxalsäure hinzu, wobei eine reichliche Gasentwickelung ($CO_2$ und $O_2$) stattfindet. Um die letzten Anteile $H_2O_2$ völlig zu zerstören, erhitzt man die Flüssigkeit 10 Minuten zum kräftigen Sieden, auch kocht man soweit ein, daß das Volumen nur 80—100 ccm beträgt. In die siedende Flüssigkeit, was eine Hauptbedingung für eine gute Trennung ist, leitet man einen kräftigen Strom von $H_2S$ ein. Es entsteht zunächst eine weiße Trübung, aber nach 5—10 Minuten färbt sich die Lösung orange und das $Sb_2S_3$ fällt rasch aus. Man

---

[1]) Methode von F. W. Clarke, modifiziert von F. Henz, siehe Treadwell, Quantitative Analyse, 5. Aufl., 1911, S. 206.

setzt das Einleiten von $H_2S$ fort, und nach weiteren 15 Minuten verdünnt man mit siedend heißem Wasser auf 250 ccm. Ohne das Einleiten zu unterbrechen, nimmt man nach 15 Minuten die Flamme fort und beendigt das Einleiten nach weiteren 10 Minuten. Man filtriert rasch und wäscht mit 1 proz. heißer, mit $H_2S$ gesättigter Oxalsäure. Nun löst man den Niederschlag in $NH_3$ und die letzten Spuren in ganz verdünntem Schwefelammon, konzentriert die Lösung, spült sie in einen gewogenen Porzellantiegel, dampft zur Trockene, oxydiert den Niederschlag, anfangs mit verdünnter $HNO_3$ (1,2), damit die Reaktion nicht zu stürmisch ist, dann mit rauchender $HNO_3$, dampft zur Trockene ab und glüht bei 700—800°, indem man den Tiegel in einen größeren, mit einer durchlochten Asbestscheibe versehenen, so hineinsteckt, daß zwischen den Böden der beiden Tiegel ein Zwischenraum bleibt. Zur Wägung kommt hier das Sb als $Sb_2O_4$ mit 78,97 % Sb.

Zur Bestimmung des Sn macht man das Filtrat von Sb ammoniakalisch, versetzt mit etwas Schwefelammon, bis die Lösung deutlich danach riecht und fällt das Sn als $SnS_2$ mit Essigsäure, leitet einige Zeit $CO_2$ hindurch, läßt absitzen, wäscht erst mehrere Male mit heißem Wasser durch Dekantation, später noch vollständig auf dem Filter, trocknet, glüht in einem Porzellantiegel und wägt das Sn als $SnO_2$ mit 78,80 % Sn.

Das Sn kann auch sehr gut elektrolytisch als Metall bestimmt werden [1]). Das Filtrat von $Sb_2S_3$ wird auf annähernd 150 ccm eingedampft, die überschüssige Oxalsäure fast ganz mit $NH_3$ neutralisiert und in der Hitze elektrolysiert.

## B. Blei, Wismut, Kupfer, Eisen und Zinn.

Die salpetersaure bzw. Königswasser-Lösung wird mit überschüssiger $H_2SO_4$ abgedampft, bis reichlich $H_2SO_4$-Dämpfe entweichen, dann abgekühlt, mit Wasser verdünnt, aufgekocht, wieder abgekühlt und einige Stunden absitzen gelassen. Das abgeschiedene $PbSO_4$ wird abfiltriert, mit $H_2SO_4$-haltigem Wasser und nach Wegstellung des Filtrates einige Mal mit Alkohol ausgewaschen und getrocknet. Der Niederschlag wird möglichst von dem Filter entfernt, das Filter in dem vorher gewogenen Porzellantiegel schwach geglüht. Um etwa reduziertes Pb in

---

[1]) Treadwell, Quantitative Analyse, 5. Aufl., 1911, S. 207.

$PbSO_4$ umzuwandeln, tropft man etwas $HNO_3$ (1,4) darauf und erhitzt den mit einem Uhrglas zugedeckten Tiegel. Sobald sich nichts mehr löst, fügt man einige Tropfen $H_2SO_4$ (1 : 1) hinzu und dampft zur Trockene ab. Dann gibt man den Niederschlag in den Tiegel hinzu und glüht bei schwacher Rotglut aus. Das $PbSO_4$ enthält 68,23 % Pb.

Das Filtrat von Pb macht man salzsauer und fällt mit $H_2S$. Der Niederschlag enthält Bi und Cu. Bei Gegenwart von Zn in der Legierung setzt man dem $H_2S$-Wasser, mit dem der Niederschlag ausgewaschen wird, etwas HCl dazu, um geringe Mengen von vielleicht mitgefallenem Zn herauszulösen. Die Sulfide von Cu und Bi werden in $HNO_3$ (1,2) gelöst, dann mit $NH_3$ und $(NH_4)_2CO_3$ das Bi gefällt, das nach dem Filtrieren und Auswaschen durch schwaches Glühen in einem Porzellantiegel in $Bi_2O_3$ übergeführt wird. $Bi_2O_3$ enthält 89,66 % Bi.

Das Filtrat von Bi wird schwach salzsauer gemacht und das Cu mit $H_2S$ gefällt. Der filtrierte und mit $H_2S$-Wasser ausgewaschene Niederschlag wird schwach geglüht, in möglichst wenig $HNO_3$ (1,2) gelöst, mit $H_2O$ verdünnt und das Cu elektrolytisch bestimmt.

Das Filtrat von Bi und Cu kocht man längere Zeit bis zur vollständigen Vertreibung des $H_2S$, oxydiert mit $HNO_3$ (1,4), fällt das Fe mit $NH_3$ und filtriert den Niederschlag. Bei beträchtlichen Mengen von Fe wird der Niederschlag nochmals in HCl gelöst und die Fällung wiederholt. Der gut ausgewaschene, geglühte und gewogene Niederschlag ist $Fe_2O_3$ und enthält 70,00 % Fe.

Das Filtrat von Fe wird essigsauer gemacht und das Zn in der heißen Lösung durch $H_2S$ gefällt. Der gut abgesetzte Niederschlag wird auf ein Filter, auf das man vorher etwas Filterschleim von aschenfreien Filtern gegeben hat, filtriert, mit heißer verdünnter $(NH_4)NO_3$-Lösung ausgewaschen, im Porzellantiegel bei schwacher Rotglut geglüht und gewogen. Ist der Niederschlag unrein, was man leicht an seiner Farbe erkennt, so wird er in HCl gelöst und die Lösung nach dem Verdünnen durch $H_2O$ deutlich ammoniakalisch gemacht, das ausgeschiedene Fe abfiltriert, ausgeglüht und gewogen.

Das Filtrat davon macht man, wenn es blau gefärbt ist, salzsauer, fällt mit $H_2S$, filtriert das ausgeschiedene CuS, glüht und bringt es zur Auswage. Dieses $Fe_2O_3$ und $CuO$ wird einerseits von dem ausgewogenen $ZnO$ in Abrechnung gebracht, andererseits, auf Metall berechnet, den Hauptmengen von Fe und Cu hinzuaddiert.

## 16. Entzinnte Weißblechabfälle.[1]

Bei der Untersuchung von entzinnten Weißblechabfällen handelt es sich vornehmlich um die Bestimmung des Sn- und Pb-Gehaltes.

Da der restliche Metallüberzug auf der Oberfläche sehr ungleichmäßig verteilt sein kann, ist für die Analyse eine außergewöhnlich große Einwage notwendig.

500 g der in kleine Stückchen zerschnittenen guten Durchschnittsprobe werden in einem größeren Becherglase so lange mit HCl (1,19) in der Hitze behandelt, bis dem Aussehen nach sämtlicher Metallüberzug abgelöst ist. Dann verdünnt man mit heißem Wasser, gießt die Lösung in ein großes Becherglas und wäscht die Späne mit heißem Wasser nach. Jetzt filtriert man heiß, wäscht mit heißem $H_2O$ aus und läßt abkühlen. Hat sich beim Abkühlen $PbCl_2$ abgeschieden, so wird dies abfiltriert, mit kaltem $H_2O$ ausgewaschen, bei $100^0$ getrocknet und gewogen. Es enthält 74,48 % Pb. Kleine Mengen von $PbCl_2$ bleiben in Lösung und müssen deshalb auch noch bestimmt werden.

Die etwa von $PbCl_2$ abgetrennte Lösung wird in einen Meßkolben von 2 Liter gespült, bis zur Marke aufgefüllt und gut durchgeschüttelt. Davon nimmt man 20 ccm = 5 g, macht mit NaOH schwach alkalisch, versetzt mit heißer $Na_2S$-Lösung und filtriert. Das Filtrat wird mit Essigsäure angesäuert, dann in die Lösung $CO_2$ eingeleitet, der Niederschlag abfiltriert, erst durch Dekantation, dann auf dem Filter mit heißem Wasser gewaschen, in einem Porzellantiegel geglüht und als $SnO_2$ gewogen.

Der Niederschlag von der $Na_2S$-Fällung wird in $HNO_3$ gelöst, mit $H_2SO_4$ bis zum starken Abrauchen abgedampft und das Pb als $PbSO_4$ bestimmt. Die hier und früher ermittelten Gehalte an Pb müssen auf Prozente berechnet und addiert werden.

---

[1] Nicht entzinnte Weißblechabfälle können nach derselben Methode untersucht werden. Soll nur die Menge des Überzuges bestimmt werden, so werden 30—50 g mit heißem Wasser und Natriumsuperoxyd behandelt und der Gewichtsverlust bestimmt. (Vgl. Zeitschr. f. angew. Chemie 1909, S. 68.)

# 17. Schmiermittel.[1]

Gute und preiswerte Schmiermittel sind für ein Hüttenwerk von großer Wichtigkeit, und zwar nicht nur deshalb, weil davon sehr beträchtliche Mengen in Frage kommen, sondern weil auch von der Qualität der Schmiermittel ein ungestörter Gang der Maschinen abhängt. Deshalb ist eine laufende Untersuchung notwendig.

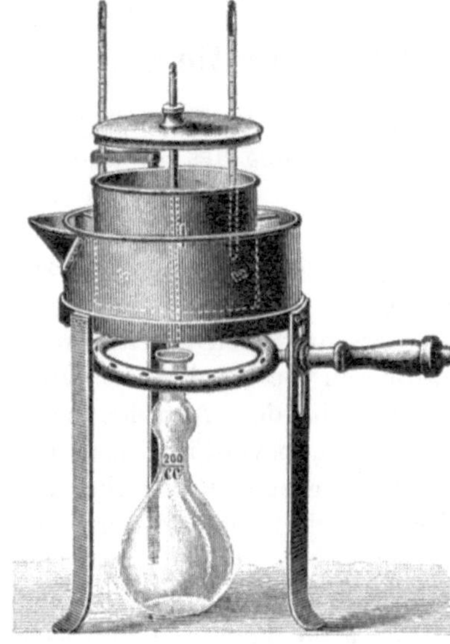

Fig. 24.

## A. Ölige Schmiermittel.

Die hauptsächlichsten Prüfungen sind:

### 1. Zähflüssigkeit.

Die Bestimmung der Zähflüssigkeit erfolgt mit dem Englerschen Viskosimeter (Fig. 24). Die Angabe geschieht nach Englergraden. Darunter versteht man den Quotienten aus der Auslaufszeit des zu untersuchenden Öles bei einer bestimmten Temperatur, die jedesmal anzugeben ist, und der des Wassers bei 20⁰.

Bei den gebräuchlichsten öligen Schmiermitteln soll die Viskosität in Englergraden nur innerhalb nachstehend bezeichneter Grenzen schwanken.

| | Untersuchungstemperatur | | |
|---|---|---|---|
| | 20⁰ | 50⁰ | 100⁰ |
| Leichte Maschinen-, Dynamo- und Motoröle . . . . . . . . . . . . . . . . . | 13—17 | 3,3—3,5 | — |
| Mittlere Maschinenöle . . . . . . . . | 18—25 | 4—4,5 | — |
| Schwere Maschinenöle . . . . . . . . | 40—50 | 6,5—7 | — |
| Zylinderöle für gesättigten Dampf . . | — | 27—35 | 3,5—4,5 |
| Zylinderöle für überhitzten Dampf . . | — | 40—59 | 5,0—6,8 |

[1] Siehe Holde, Untersuchung der Mineralöle und Fette, 3. Aufl., 1909, und Moldenhauer, Chemisch-technisches Praktikum, 1911.

Vor der Untersuchung des Öles muß der sogenannte Wasserwert des Apparates festgestellt werden.

Der Apparat wird mit Alkohol und Äther aufs sorgfältigste gereinigt und dann in die Ausflußöffnung der Verschlußstift eingesetzt. Bei genau wagerecht gestelltem Apparat müssen alle drei Spitzen genau mit dem Wasserniveau abschneiden. Der innere Behälter wird bis etwas über die Spitzen und der äußere ganz mit Wasser gefüllt und genau auf 20⁰ erhitzt. Jetzt saugt man im inneren Behälter das überschüssige Wasser mit einer kleinen Pipette bis zu den Markenspitzen ab, stellt den Meßkolben unter den Apparat, zieht den Verschlußstift ganz heraus und bestimmt mit Hilfe einer Sekundenuhr, welche noch $^1/_5$ Sekunden anzeigt, die Auslaufszeit von 200 ccm Wasser. Der Versuch wird so oft wiederholt, bis die Zeitunterschiede höchstens 0,4 bis 0,5 Sekunden betragen. Ein richtig dimensionierter Apparat soll einen Wasserwert von 50—52 Sekunden haben.

Die Bestimmung der Auslaufszeit des zu untersuchenden Öles geschieht genau so wie beim Wasser, nur muß vorher das innere Gefäß gut ausgetrocknet sein, was mit Alkohol und Äther geschehen kann.

Bei den Bestimmungen bis 100⁰ nimmt man für den äußeren Behälter Wasser. Man füllt dieses zuerst ein, erhitzt durch den Kranzbrenner auf die vorgeschriebene Temperatur, dann bringt man das zu untersuchende Öl in den inneren Behälter, erwärmt auf die bestimmte Temperatur und füllt jetzt erst bis zu den Marken auf. Die Ermittlung der Auslaufszeit geschieht genau so wie beim Wasser.

Bei sehr zähflüssigen Ölen läßt man nur 50 oder 100 ccm statt 200 auslaufen.

Enthalten die Öle mechanische Verunreinigungen, so muß die Probe vor dem Versuch durch ein Sieb von 0,3 mm Maschenweite filtriert werden.

## 2. Entflammbarkeit.

Dieselbe läßt sich bei Maschinen- und Zylinderölen gut mit dem nachstehend beschriebenen einfachen Apparat[1] durchführen (Fig. 25).

---

[1] Geliefert von den vereinigten Fabriken für Laboratoriumsbedarf.

Derselbe besteht aus einem Sandbade auf einem Dreifuß. In Sand bis zur Höhe der Ölschicht eingebettet, befindet sich ein kleiner zylindrischer Porzellanbecher mit zwei Marken. Die untere ist für schwere, die obere für leichtere Öle. Die rückwärtige Hälfte des Sandbades trägt einen Blechschirm zum Schutze gegen Luftzug. Auf dem Schirme selbst ist eine Blechklemme für das in das Öl eintauchende Thermometer befestigt. Die Erhitzung findet durch einen Bunsenbrenner statt. Vor demselben ist ein Blechmantel mit einer durch eine Glimmerplatte verschlossenen Öffnung zur Beobachtung der Flamme. Vorn am Stativ befestigt befindet sich das Zündrohr, welches vertikal, horizontal und von vorn nach hinten verstellbar ist, aber sich nur in der horizontalen Richtung leicht bewegen läßt.

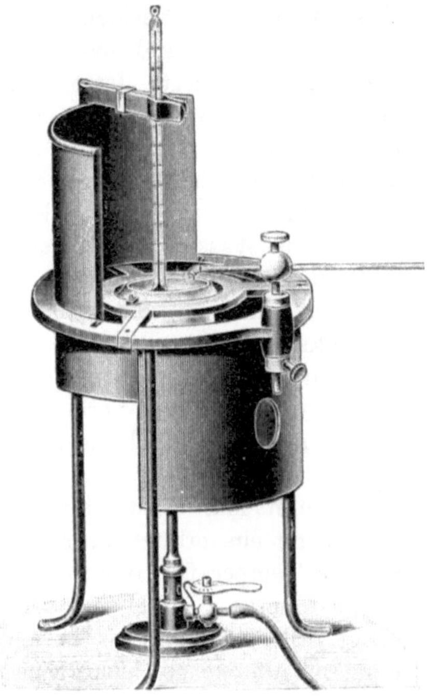

Fig. 25.

Die 10 mm lange horizontal stehende Flamme wird in einer Entfernung von 10 mm über dem Ölbad einmal in der Ebene des Tiegelrandes hin- und hergeführt.

Die Erwärmung wird so gehandhabt, daß die Temperatur des Öles um 2—5⁰ pro Minute ansteigt. Die Erwärmung soll so lange fortgesetzt werden, bis bei Annäherung des Flämmchens ein vorübergehendes Aufflammen über der Öloberfläche eintritt.

Der Flammpunkt beträgt bei:

leichten Maschinenölen . . . . . . . . . $175—185^0$
mittleren Maschinenölen . . . . . . . . $180—190^0$
schweren Maschinenölen . . . . . . . . $195—200^0$
gewöhnlichem Dynamoöl . . . . . . . . $180—190^0$

| feinem Dynamoöl . . . . . . . . . . . . | 200—210⁰ |
| Zylinderöl für gesättigten Dampf . . . | 280—300⁰ |
| Zylinderöl für überhitzten Dampf . . . | 290—335⁰ |
| Zylindervaseline . . . . . . . . . . . . | 250—260⁰ |

### 3. Brennpunkt.

Diese Bestimmung geschieht im Anschluß an die vorhergehende, indem so lange weiter erhitzt wird, bis Entzündung stattfindet.

Der Brennpunkt beträgt bei:

| leichten Maschinenölen . . . . . . . . . | 195—205⁰ |
| mittleren Maschinenölen . . . . . . . | 200—210⁰ |
| schweren Maschinenölen . . . . . . . | 240—248⁰ |
| gewöhnlichem Dynamoöl . . . . . . . | 200—210⁰ |
| feinem Dynamoöl . . . . . . . . . . | 250—270⁰ |
| Zylinderöl für gesättigten Dampf . . . | 330—350⁰ |
| Zylinderöl für überhitzten Dampf . . . | 350—380⁰ |

### 4. Wasser.

Je nach der voraussichtlichen Menge werden bis 1 Liter in einem Glaskolben, besser noch in einer Kupferblase auf 150⁰ erhitzt, das abdestillierte Wasser durch einen Kühler kondensiert und gemessen.

### 5. Mineralsäure.

Hier handelt es sich nur um freie Schwefelsäure, die von mangelhafter Raffination herrührt. 100 ccm Öl werden mit annähernd 200 ccm heißem Wasser geschüttelt. Färbt sich dieses, nachdem es sich vom Öle abgetrennt hat, auf Zusatz von Methylorange rot, dann ist das Vorhandensein von freier Schwefelsäure erwiesen. Dieselbe kann in dem vom Öle abgetrennten wäßrigen Auszuge auch quantitativ bestimmt werden.

### 6. Harz.

#### (Qualitativer Nachweis.)

8—10 ccm Öl werden zur Abscheidung des Harzes im Reagenzrohr mit dem gleichen Volumen 70proz. Alkohol heiß durchgeschüttelt. Nach dem Erkalten wird die alkoholische Schicht getrennt und eingedampft. Der Rückstand hat bei Gegenwart von Kolophonium klebrige, harzartige, nicht ölige Konsistenz und zeigt Violettfärbung beim Auflösen in 1 ccm Essigsäure auf Zusatz von 1 Tropfen $H_2SO_4$ (1,530) (Morawskische Reaktion).

### 7. Seife.

#### (Qualitativer Nachweis.)

Bei Gegenwart von Alkaliseife entsteht durch Schütteln mit Wasser eine weiße, schleimige Emulsion, welche infolge von Hydrolyse der Seife alkoholische Phenolphthaleinlösung schwach rot färbt. Auf Zusatz von Mineralsäuren verschwindet die Emulsion. In der sauren Lösung kann man die entsprechenden Basen der Seife nachweisen.

### 8. Fette, Öle und Wachse.

Die qualitative Prüfung geschieht durch ¼ stündiges Erhitzen einer Probe von 3—4 ccm Öl im Paraffinbade mit festem NaOH, und zwar helle Öle auf etwa 230⁰, dunkle auf annähernd 250⁰. Bei Gegenwart von fetten Ölen findet ein Gelatinieren oder eine Bildung von Seifenschaum an der Oberfläche statt. Nach Holde soll es möglich sein, bei hellen Maschinenölen noch ½ %, in dunklen Mineralölen noch 2 % fette Öle nachzuweisen. Gelatinieren ohne Schaumbildung kann aber auch eintreten, wenn die Öle Harze oder Naphthensäuren enthalten.

### 9. Harzöle.

Das durch Destillation von Kolophonium erhaltene Harzöl dient zur Herstellung von Wagenfetten, als Transformatoröl zum Isolieren, auch zum Verschneiden von Schmierölen und Firnissen, zur Herstellung wasserlöslicher Öle.

Wegen der leichten Verharzbarkeit und größeren Verdampfbarkeit gelten die mit Harzölen vermischten Mineralschmieröle als minderwertig.

Harzöle färben beim Schütteln mit $H_2SO_4$ (spez. Gew. 1,53 bis 1,62) dieselbe stark blutrot, Mineralöle nur bis schwach braun. Harzöle zeigen die Morawskische Reaktion. (Siehe Harz.)

Optisch lassen sich Harzöle nachweisen, indem man sie mit dem Polarimeter prüft, wobei die dunklen vorher mit Tierkohle hell gemacht werden müssen. Harzöle und Harz sind stark rechtsdrehend, Mineralöle optisch inaktiv.

### 10. Steinkohlenteeröle.

Es kommen meistens nur die hochsiedenden dunklen Anthrazenöle in Frage. Dieselben haben einen kreosotartigen Geruch, färben $H_2SO_4$ (1,53) tiefdunkel und lösen sich leicht in Alkohol bei Zimmertemperatur.

### 11. Asphalt und Pech.

Es wird entweder die Bestimmung der in Benzin oder in Alkoholäther unlöslichen Körper verlangt. Die Einwagen von 1—3 g werden in Benzin bzw. Alkoholäther gelöst, 1—2 Tage stehen gelassen, die ausgeschiedenen Körper filtriert, mit Benzin bzw. Alkoholäther gewaschen, dann in Benzol gelöst, nach Abdunsten und Trocknen bei 100° C gewogen.

### 12. Entscheinungsmittel.

Sie werden entweder zur Verdeckung eines unliebsamen Geruchs oder zur Beseitigung der Fluoreszenz verwendet. Zu ersterem Zweck wird am häufigsten Nitrobenzol zugesetzt, das sich durch seinen Geruch nach Bittermandelöl verrät. Zu dem letzteren Zweck nimmt man Nitronaphthalin. Die damit behandelten Öle dunkeln beim Stehen nach.

### 13. Suspendierte Stoffe verschiedener Art.

Dieselben bleiben beim Durchsieben durch ein $\frac{1}{3}$-mm-Maschensieb zurück.

### 14. Asche.

20—30 g Öl werden in einem Porzellantiegel vorsichtig abgebrannt, der kohlige Rückstand wird verascht und gewogen. Gute raffinierte Maschinenöle dürfen höchstens 0,01 %, Zylinderöle 0,1 % Asche enthalten.

### 15. Angriffsvermögen auf Lager- und andere Metalle.

Ein gewogenes, blank poliertes Stück des Metalles mit tunlichst großer Oberfläche, also möglichst in Blechform von 50—100 g, wird während längerer Zeit bei der in Frage kommenden Temperatur der Einwirkung des betreffenden Öles ausgesetzt. Nach einigen Wochen wird das Gewicht des Probestückes, das mit Äther gut gewaschen und getrocknet worden ist, wieder bestimmt.

Es muß darauf geachtet werden, daß während des Versuches kein Staub ins Öl kommt.

### 16. Mechanische Prüfung der Öle auf der Ölprobiermaschine.

Es gibt davon verschiedene Systeme. Dieselben weichen in den Prinzipien ihrer Konstruktion sehr voneinander ab, ebenso auch von den Arbeitsmaschinen der Praxis. Es können daher nur die mit derselben Maschine ermittelten Resultate miteinander verglichen werden. Aber auch in diesem Falle stimmen die vergleichenden Resultate mit der Praxis vielfach nicht überein.

Nach Kammerer[1]) ist dieser Prüfungsart nur ein bedingter Wert, beizumessen und kommt dieselbe erst an zweiter Stelle nach den gebräuchlichen physikalischen Prüfungen zu stehen.

## B. Konsistente Schmiermittel.

Diese bestehen zumeist aus einer Auflösung von Kalkseife in schweren Mineralölen unter Zusatz von etwas (gewöhnlich 1—4 %) Wasser. Der Zusatz dieser kleinen Wassermenge ist notwendig, da die Schmiermittel sonst bald inhomogen werden.

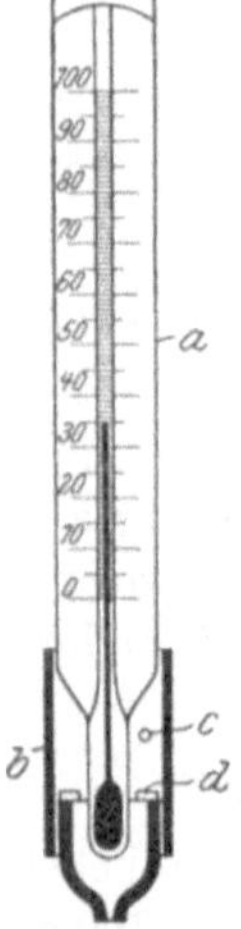

In den meisten Fällen wird in den konsistenten Schmiermitteln nur die Bestimmung des Tropfpunktes verlangt. Darunter versteht man diejenige Temperatur, bei welcher das auf die Quecksilberkugel des Thermometers aufgetragene Schmiermittel abtropft. Die beste bis jetzt bekannte Durchführungsweise ist die nach Ubbelohde. (Fig. 26.)

Man hat für diesen Zweck ein Thermometer (a) dessen unterer Teil mit einer Messinghülse (b) umhüllt ist, welche drei Sperrstifte (d) trägt. Die Hülse, welche eine kleine Öffnung (c) besitzt, schneidet etwas über dem Quecksilbergefäß ab. In diese Hülse wird im unteren federnden Teil eine abnehmbare, unten mit einer 3 mm weiten Öffnung versehene Glashülse bis an die Sperrstifte eingeführt.

Fig. 26.

Diese Hülse füllt man mit dem zu untersuchenden Fett, streicht das Überschüssige oben und unten glatt ab

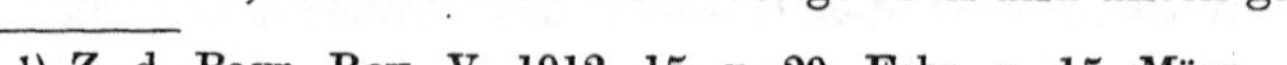

¹) Z. d. Bayr. Rev. V. 1912, 15. u. 29. Febr. u. 15. März.

und drückt sie bis an die Sperrstifte in die Messinghülse. Feste Schmiermittel werden aufgeschmolzen, in die Glashülse gegossen und diese vor dem Erstarren in den Apparat eingeführt. Diesen Apparat befestigt man jetzt mittels eines Korkes in einem annähernd 4 cm weiten Reagenzrohr, taucht dasselbe in ein entsprechend großes mit Wasser gefülltes Becherglas und erhitzt so, daß die Temperatur in der Minute annähernd um $1^0$ steigt.

Die Temperatur, bei welcher die Substanz aus dem Gläschen herauszutreten beginnt und eine Kuppe bildet, ist der Tropfbeginn, und diejenige, sobald der erste Tropfen abfällt, der Tropfpunkt.

Der Hauptvertreter für diese Art von konsistenten Fetten ist das sogenannte Tovotefett.

Andere häufig gebrauchte konsistente Schmiermittel sind:

| Verwendungszweck | Zusammensetzung |
|---|---|
| 1. Tränkung der Stopfbüchsenpackung | Talg oder festes Fett, gemischt mit Wachs und Öl. |
| 2. Schmieren von Seilen und Ketten | Feste Fette, Wachs, Öl, Talk u. a. |
| 3. Geschmeidighalten der Riemen | Tran gemischt mit festem Fett. |
| 4. Erhöhung der Adhäsion der Riemen | Feste Fette, gemischt mit Harz, Harzöl, Wollfett usw. |
| 5. Schmieren von Walzenlagern | Fettpech oder Fettpech und Erdölpech oder Wollfett, verseift mit Harz bzw. sauren Harzölen, oder auch Mineralöle und Natronseife von hochschmelzenden Fetten (sogenannte Vaselinbriketts). |
| 6. Schmieren von Kamm- und Zahnrädern | Graphit oder Talk, gemischt mit hartem Fett oder Öl, Teer, Harz, Wachs, Paraffin und Zeresin. |

## 18. Lösungen.

### 1. Zinnchlorür.

Man löst 120 g $SnCl_2$ in 300 ccm konz. HCl (1,19), verdünnt mit 180 ccm $H_2O$ und filtriert. Man füllt das Filtrat mit verdünnter HCl (1,12) auf 2 Liter auf und verdünnt mit weiteren 2 Liter $H_2O$. Diese Lösung muß nach Möglichkeit vor Luftzutritt geschützt werden.

## 2. Quecksilberchlorid.

50 g $HgCl_2$ werden in 1 Liter $H_2O$ gelöst und die Lösung filtriert.

## 3. Manganosulfat-Phosphorsäure.

3 Liter Phosphorsäure (1,154) werden mit 1,8 Liter $H_2O$ und 1,2 Liter verdünnter $H_2SO_4$ (1 : 1) versetzt. Zu dieser Flüssigkeitsmenge gibt man eine Lösung von 600 g $MnSO_4$ in 4 Liter $H_2O$.

## 4. Ammoniummolybdat.

600 g Molybdänsäure werden gelöst in 200 ccm $H_2O$ unter Hinzufügung von 800 g $NH_3$ (25 proz.). Diese Lösung gießt man vorsichtig unter Umrühren in 7,8 Liter $HNO_3$ (1,2), welche man in mehrere Becherstutzen verteilt hat. Um eine Ausscheidung von Molybdänsäure zu vermeiden, darf keine erhebliche Erwärmung stattfinden.

## 5. Permanganat.

40 g Permanganat werden in 1 Liter Wasser gelöst und die Lösung filtriert.

## 6 a. Kadmium-Zinkazetat.

25 g Kadmiumazetat und 100 g Zinkazetat werden in 2 Litern $H_2O$ gelöst und dazu 3 Liter $NH_3$ (25 proz.) gegeben.

## 6 b. Kadmiumsulfat.

25 g Kadmiumsulfat werden in 4 Litern $H_2O$ gelöst, dazu gibt man 1 Liter $NH_3$ (25 proz.).

## 6 c. Kadmiumazetat.

25 g Kadmiumazetat gelöst in 200 ccm konzentrierter Essigsäure, verdünnen auf 1 Liter.

## 7. Silbernitrat.

8,5 g $AgNO_3$ werden in 5 Litern $H_2O$ gelöst. Die Lösung enthält mithin 0,17 % $AgNO_3$.

## 8. Magnesiamixtur.

550 g Magnesiumchlorid und 700 g Ammoniumchlorid werden gelöst in 6,5 Litern $H_2O$ und mit 3,5 Litern $NH_3$ (8 proz.) verdünnt. Man läßt die Lösung mehrere Tage stehen und filtriert.

## 9. Ammoniakalisches zitronensaures Ammonium.

1100 g Zitronensäure werden in $H_2O$ gelöst. Dazu kommen 4380 ccm $NH_3$ (0,91), dann wird mit $H_2O$ auf 10 Liter aufgefüllt.

## 10. Zitronensäure.

1 kg Zitronensäure wird in 10 Litern $H_2O$ gelöst. Um die Lösung haltbar zu machen, fügt man 5 g Salizylsäure hinzu. — Für die einzelnen Bestimmungen nimmt man von dieser konzentrierten Lösung 1 Volumen und verdünnt mit 4 Volumen Wasser. Die so erhaltene Lösung ist dann 2proz.

## 11. Phosphor-Schwefelsäure.

Man löst 200 g $P_2O_5$ in 1 Liter $H_2SO_4$ (1,84).

## 12. Schwefelnatrium.

200 g Schwefelnatrium werden in 500 ccm $H_2O$ gelöst. Die Lösung wird einige Tage stehen gelassen und filtriert.

## 13. Zinkoxyd-Ammoniak.

Metallisches Zink wird in Salzsäure gelöst, mit Ammoniak als Zinkhydroxyd ausgefällt, dieses mit heißem Wasser ausgewaschen und in Ammoniak gelöst.

## 14. Benzidin.

20 g Benzidin werden in einer Reibschale mit $H_2O$ verrührt, mit 300—400 ccm $H_2O$ in ein Becherglas gespült, dazu kommt 25 ccm konz. HCl (1,19); erwärmen bis zur Lösung, filtrieren, verdünnen auf 1 Liter.

# 19. Titerflüssigkeiten.

### 1. Permanganat.

170 g reines Permanganat werden in 50 Litern destilliertem Wasser gelöst. Der die Lösung enthaltende Glasballon wird gut durchgeschüttelt, was man im Laufe von einigen Tagen zwei- bis dreimal wiederholt. Dann bleibt der Ballon so lange ruhig stehen, daß vom Zeitpunkt des Einfüllens bis zur Titerstellung

mindestens vier Wochen vergangen sind[1]). Zur Titerstellung
hebert man vorsichtig in eine 5-Liter-Flasche Lösung ab, indem
man über Glaswolle filtriert. Die so dargestellte Lösung ist ungefähr $^1/_{15}$ normal und hält sich im Dunklen und unter Luft-
abschluß aufbewahrt monatelang. Eine Kontrolle ihres Wirkungswertes muß gleichwohl zum mindesten monatlich erfolgen.

Wie die Chemiker-Kommission des Vereins Deutscher Eisenhüttenleute festgestellt hat[2]), steht der Anwendung metallischen
Eisens als Titersubstanz nichts im Wege. Der Titerdraht, wie
er von den verschiedenen Firmen in den Handel gebracht wird,
muß auf seinen Gehalt an Kohlenstoff, Phosphor, Mangan,
Schwefel, Kupfer und Silizium geprüft werden. Durch Differenzrechnung ergibt sich dann sein wahrer Eisengehalt. Der Draht
muß, um Rostbildung zu vermeiden, sorgfältig vor Feuchtigkeit
geschützt aufbewahrt werden. Zur Reinigung des Drahtes von
der immerhin etwas oxydierten Oberfläche nimmt man ein längeres
Stück, klemmt es an einem Ende ein und reibt es gründlich mit
Glaspapier und Filtrierpapier ab und schneidet es dann, indem
man es mit einer Pinzette anfaßt, mit einer gut geputzten Kneif-
zange in Stücke von $\frac{1}{2}-1$ cm Länge, die man in einem Wäge-
gläschen aufhebt. Man wägt zur Titerstellung ca. 0,30 g Draht
genau ab, löst in 15 ccm HCl (1,124) unter Erwärmen in einem
mit einem Uhrglas bedeckten Becherglas von 200 ccm Inhalt.
Zur Zerstörung der bei der Reinhardtschen Methode schädlichen
Kohlenwasserstoffe gibt man 1 g Kaliumchlorat hinzu und erhitzt
zur Vertreibung des Chlors, ohne daß die Flüssigkeit dabei zum
Sieden kommt. Sobald der Chlorgeruch verschwunden (die
Flüssigkeit ist dabei auf wenige Kubikzentimeter eingedampft),
spritzt man das Uhrglas sorgfältig ab und reduziert die heiße
Lösung mit Zinnchlorür. In dem Augenblick, wo die gelbe
Färbung der Eisensalzlösung verschwindet, ist die Reduktion
beendet. Im übrigen erfolgt die Titration unter denselben
Bedingungen und Vorsichtsmaßregeln, wie sie unter dem Kapitel
„Eisenbestimmung in Erzen" ausgeführt ist.

Beispiel: Die Einwage an Eisendraht betrage 0,3017 g mit
99,21 % Fe, d. h. die Einwage ist 0,2993 g Fe.

---

[1]) Läßt man die Permanganatlösung vor der Titerstellung nicht
längere Zeit stehen, so ist ihre Titerbeständigkeit eine geringe.

[2]) Siehe Stahl und Eisen XXX, 10, 411.

Verbraucht wurden 48,12 ccm der Permanganatlösung. Mithin entspricht

$$1 \text{ ccm } KMnO_4 = 0,00622 \text{ g Fe.}$$

## 2. Arsenige Säure.

Von der arsenigen Säure macht man zunächst eine konzentrierte Lösung, und zwar nimmt man 5 g $As_2O_3$ auf 10 Liter Wasser. Zur Haltbarmachung fügt man 150 g Natriumbikarbonat hinzu. Zur Bereitung der eigentlichen Titerlösung verdünnt man je 40 ccm dieser Lösung mit Wasser auf 1 Liter.

Als Ursubstanz zum Stellen des Titers der arsenigen Säure benötigt man einen Stahl von bekanntem Mangangehalt. Um einen guten Durchschnitt zu bekommen, nimmt man von diesem Normalstahl, dessen Mangangehalt man nach Volhard oder Volhard - Wolff aufs genaueste bestimmt hat, 10 g, löst in $HNO_3$ und verdünnt auf 1 Liter. Zur Titerstellung pipettiert man von dieser Lösung 10 ccm = 0,1 g ab und titriert unter Zugabe von Silbernitrat und Ammoniumpersulfat in bekannter Weise mit der arsenigen Säure, deren Gehalt man kennen lernen will.

Beispiel: Der als Titersubstanz dienende Stahl habe 0,45 % Mn.

10 g Stahl entsprechen also 0,0450 g Mn,

0,1 g   „   entspricht   „   0,00045 g Mn,

verbraucht wurden 4 ccm $As_2O_3$-Lösung. Mithin entspricht

$$1 \text{ ccm } As_2O_3 = \frac{0,00045}{4} = 0,000112 \text{ g Mn.}$$

## 3. Ferrosulfat.

50 g Ferrosulfat ($FeSO_4 \cdot 7\,H_2O$) löst man in 800 ccm Wasser und gibt 200 ccm konzentrierte Schwefelsäure hinzu[1]). Zur Bestimmung des Titers dieser Ferrosulfat-Lösung nimmt man mindestens 25 ccm ab und titriert sie mit Permanganat in bekannter Weise.

Beispiel: Die Konzentration der Permanganatlösung sei so, daß 1 ccm 0,00622 g Fe entspricht.

----

[1]) Siehe Ledebur, Leitfaden für Eisenhütten-Laboratorien, Aufl. 9, S. 55.

Zur Oxydation der 25 ccm Ferrosulfatlösung wurden ver braucht 42 ccm Permanganatlösung, die also

$$0{,}00622 \times 42 \,=\, 0{,}26124\, \text{g Fe}$$

entsprechen.

Mithin sind in 25 ccm Ferrosulfatlösung 0,26124 g Fe, d. h. in 1 ccm Ferrosulfatlösung 0,01045 g Fe.

### 4. $^1/_{10}$-Normal-Natrium-Thiosulfat.

Thiosulfat läßt sich mit gleicher Genauigkeit einstellen 1. mit reinem, frisch sublimiertem Jod, 2. mit Natriumbijodat, 3. mit Natriumbromat, 4. mit Kaliumbichromatlösung und 5. mit Permanganat.

Da wohl in jedem Eisenhüttenlaboratorium Permanganatlösung von bekanntem Gehalt vorhanden ist, empfehlen wir die letzte Methode.

Man löst 26 g Natriumthiosulfat in 1 Liter Wasser auf und läßt die Lösung einige Zeit (etwa einen Monat) stehen. Die im Wasser gelöste Kohlensäure wirkt nämlich auf das Thiosulfat in der Weise ein, daß sich einerseits Natriumbikarbonat und Schweflige Säure bildet, und daß sich andrerseits Schwefel abscheidet. Die Bildung der Schwefligen Säure erhöht aber den Wirkungswert der Thiosulfatlösung, und es ist deshalb nicht anzuraten, den Titer früher zu stellen, ehe diese Reaktion zwischen Kohlensäure und Thiosulfatlösung quantitativ verlaufen ist, da man sonst gezwungen ist, den Titer der Thiosulfatlösung regelmäßig zu kontrollieren. Hat man dagegen die Thiosulfatlösung vor dem Einstellen einige Zeit stehen lassen, so bleibt der Titer monatelang konstant [1].

Zur Titerstellung der Thiosulfatlösung löst man 2 g Jodkali in wenigen Kubikzentimetern $H_2O$, versetzt mit 10 ccm verdünnter HCl (1,12) und läßt aus einer Bürette 25 ccm der Permanganatlösung, deren Gehalt man kennt, hinzufließen. Das ausgeschiedene Jod titriert man dann unter Zugabe von Stärkelösung mit der Thiosulfatlösung, deren Titer man bestimmen will. Die Thiosulfatlösung, die bei einer Einwage von 26 g Natriumthiosulfat um ein geringes zu stark sein wird, kann dann entsprechend der verbrauchten Anzahl Kubikzentimeter

---

[1] Vgl. Treadwell.

der Permanganatlösung mit $H_2O$ zu $^1/_{10}$-Normal-Lösung verdünnt werden.

Beispiel: Angenommen, es entspräche 1 ccm Permanganatlösung 0,00622 g Fe. Mithin entspricht

$$1 \text{ ccm Permanganatlösung} = \frac{0,00622 \times J}{Fe} \text{ g Jod,}$$

oder

$$\frac{0,00622 \times 126,185}{55,88} \text{ g Jod,}$$

oder

$$0,01412 \text{ g Jod.}$$

Mithin entsprechen

$$25 \text{ ccm KMnO}_4 = 0,01412 \times 25 \text{ g Jod}$$

oder

$$0,35300 \text{ g Jod.}$$

Zur Titration seien nun verbraucht worden 27 ccm Natriumthiosulfatlösung. Wäre die Thiosulfatlösung genau $^1/_{10}$-normal, so hätten verbraucht werden müssen $\dfrac{0,35200}{0,012685}$ ccm Thiosulfatlösung oder 27,828 ccm Thiosulfatlösung, d. h. die einzustellende Thiosulfatlösung ist zu stark und muß im Verhältnis 27 : 27,828 verdünnt werden. 1000 ccm der Lösung sind also auf 1030,7 ccm zu verdünnen.

### 5. Ca. $^1/_{10}$-Normal-Jodlösung.

Die Herstellung einer genauen $^1/_{10}$-Normal-Jodlösung ist nicht ratsam, da sich der Titer der Jodlösung stetig verändert. Man begnügt sich deshalb besser damit, eine annähernd $^1/_{10}$-Normal-Lösung herzustellen und deren Faktor jedesmal mit $^1/_{10}$-Normal-Thiosulfatlösung zu kontrollieren.

Man löst 25 g Jodkali in möglichst wenigen Kubikzentimetern Wasser auf, fügt 12,7 g Jod (für eine genaue $^1/_{10}$-Normal-Lösung wären 12,692 g Jod nötig) hinzu und verdünnt auf 1 Liter. Dieses Verdünnen mit Wasser darf erst dann vorgenommen werden, wenn sämtliches Jod in Lösung gegangen ist, da es sehr schwer ist, das Jod in einer verdünnten Jodkalilösung zur Lösung zu bringen.

Zur Titerbestimmung unterwirft man 25 ccm dieser Jodlösung unter Zugabe von Stärke der Titration mit $^1/_{10}$-Normal-Thiosulfatlösung.

Beispiel: 25 ccm der Jodlösung verbrauchten 25,2 ccm $^1/_{10}$-Normal-Thiosulfatlösung. Die Jodlösung ist also zu stark. Ihr Faktor ist

$$\frac{25,2}{25} = 1,0080,$$

d. h. die für eine Titration verbrauchte Anzahl Kubikzentimeter Jodlösung muß zur Umrechnung auf $^1/_{10}$-Normal-Jodlösung mit 1,0080 multipliziert werden.

### 6. Annähernd $^1/_{10}$-Normal-FeCl$_3$.

Man löst 16,235 g FeCl$_3$ in 1 Liter H$_2$O und kontrolliert vorsichtshalber den Fe-Gehalt nach der Reinhardtschen Methode.

### 7. Permanganat und Natrium-Thiosulfat nach Kinder.

Die Permanganatlösung, wie sie für die Eisenbestimmung nach Reinhardt bestimmt und eingestellt ist, wird mit reinem staubfreiem, destilliertem Wasser so verdünnt, daß 1 ccm Lösung 0,001 g Schwefel entspricht. Wie die Verdünnung vorgenommen werden muß, ergibt sich aus folgenden Betrachtungen.

Nach den Gleichungen:

1. $H_2S + J_2 = 2\,HJ + S,$
2. $10\,KJ + 2\,KMnO_4 + 8\,H_2SO_4 = 10\,J + 6\,K_2SO_4$
$$+ 2\,MnSO_4 + 8\,H_2O,$$
3. $10\,FeSO_4 + 2\,KMnO_4 + 8\,H_2SO_4 = 5\,Fe_2(SO_4)_3 + K_2SO_4$
$$+ 2\,MnSO_4 + 8\,H_2O$$

entsprechen 1 Teil Schwefel = 2 Teilen Jod = 2 Teilen Eisen. Mithin entspricht 1 g Schwefel 3,483 g Eisen.

Beispiel: Angenommen 1 ccm der Permanganatlösung entspreche 0,00622 g Fe, es verhält sich also

$$1 : 3,483 = x : 0,00622,$$

d. h. 1 ccm Permanganatlösung entspricht

$$\frac{0,00622}{3,483} = 0,001786\ \text{g Schwefel};$$

da aber 1 ccm Permanganatlösung 0,001 g Schwefel entsprechen soll, so müssen 1000 ccm der Permanganatlösung auf 1786 ccm verdünnt werden.

Auf die so verdünnte Permanganatlösung wird nun eine Thiosulfatlösung, deren Herstellung aus Beschreibung Nr. 4 der Titerlösungen ersichtlich ist, auf folgende Weise eingestellt.

Man löst 30 g JK unter Zugabe von 10 g $NaHCO_3$ in 1 Liter $H_2O$. Von dieser Lösung nimmt man 10 ccm ab, versetzt mit 25 ccm verdünnter Schwefelsäure und gibt aus einer Bürette genau 10 ccm Permanganatlösung unter Umschwenken hinzu. Das ausgeschiedene Jod wird unter Zugabe von Stärkelösung mit der einzustellenden Thiosulfatlösung bis zum Verschwinden der Blaufärbung titriert und durch einige Tropfen Permanganatlösung die Blaufärbung gerade wieder hervorgerufen. Die Thiosulfatlösung wird schließlich so verdünnt, daß 1 ccm derselben 1 ccm der Permanganatlösung entspricht.

Beispiel: Die Berechnung der notwendigen Verdünnung geschieht in gleicher Weise, wie sie bei der Titerlösung $^1/_{10}$-Normal-Thiosulfatlösung ausgeführt ist.

## 8. $^1/_{10}$-Normal-Natrium-Karbonat.

Zur Herstellung einer $^1/_{10}$-Normal-Natrium-Karbonat-Lösung geht man am besten von Natrium-Bikarbonat aus, das in großer Reinheit erhältlich ist. Das Bikarbonat wird durch Erhitzen bis 400⁰ quantitativ in neutrales Karbonat umgewandelt. Dieses Karbonat benutzt man jetzt direkt zur Einstellung der Titerlösung. Man wägt 1,325 g ab und löst in 1 Liter $H_2O$ auf.

## 9. $^1/_{10}$-, $^1/_4$- und $^1/_2$-Normal-Schwefelsäuren.

Mit Hilfe der $^1/_{10}$-Normal-Natrium-Karbonat-Lösung stellt man unter Benutzung von Methylorange als Indikator die verschiedenen Schwefelsäuren ein. Man macht sich zu diesem Zweck zunächst Lösungen, die stärker als die gewünschten sind, und verdünnt sie entsprechend ihrer Wertbestimmung mit der $^1/_{10}$-Normal-Natrium-Karbonat-Lösung mit Wasser. Zur Herstellung dieser ersten angenäherten Normal-Lösungen seien folgende Daten gegeben:

Eine $^1/_{10}$-Normal-Schwefelsäure enthält 4,904 g $H_2SO_4$ im Liter.

Eine $^1/_4$-Normal-Schwefelsäure enthält 12,26 g $H_2SO_4$ im Liter.

Eine $^1/_2$-Normal-Schwefelsäure enthält 24,52 g $H_2SO_4$ im Liter.

Beispiel: Man geht aus von einer verdünnten Schwefelsäure (1,120). Diese enthält 17,01 Gew.-Proz. $H_2SO_4$.

In 10 Litern $^1/_2$-Normal-Schwefelsäure sind 245,2 g $H_2SO_4$. Von der $H_2SO_4$ (1,120) muß man also etwas mehr als

$$\frac{245,2 \cdot 1000}{170,1} = 1441,5 \text{ g,}$$

also ungefähr 1500 g auf 10 Liter verdünnen, um eine Schwefelsäure zu bekommen, die um ein geringes stärker als $\frac{1}{2}$-normal ist.

Zur genauen Wertbestimmung nimmt man davon 10 ccm ab und titriert sie mit $^1/_{10}$-Normal-$Na_2CO_3$-Lösung und verdünnt sie entsprechend der verbrauchten Anzahl Kubikzentimeter so, daß 5 ccm $Na_2CO_3$ genau 1 ccm der Schwefelsäure neutralisieren.

Die so gewonnene $\frac{1}{2}$-Normal $H_2SO_4$ wird zur Herstellung der $\frac{1}{4}$- bzw. $^1/_{10}$-Normal-$H_2SO_4$ im Verhältnis 1 : 2 bzw. 1 : 5 verdünnt.

### 10. $^1/_{10}$-, $^1/_4$- und $^1/_2$-Normal-Natronlaugen.

Mittels der verschiedenen Normal-Schwefelsäuren stellt man die gewünschten Normal-Laugen ein unter Benutzung von Methylorange als Indikator [1]), indem man sie auch zunächst etwas konzentrierter als die gewünschten macht und diese dann entsprechend verdünnt. Zur Herstellung dieser angenäherten Normal-Laugen mögen folgende Angaben dienen.

Eine $^1/_{10}$-Normal-Natronlauge enthält 4,001 g NaOH im Liter.

Eine $^1/_4$-Normal-Natronlauge enthält 10,0025 g NaOH im Liter.

Eine $^1/_2$-Normal-Natronlauge enthält 20,005 g NaOH im Liter.

Beispiel: Man geht auch hierbei von der $\frac{1}{2}$-Normal-NaOH aus, indem man sich zunächst eine etwas stärkere als $\frac{1}{2}$-Normallauge macht (Einwage ungefähr 205 g NaOH auf 10 Liter), mittels der $\frac{1}{2}$-Normal-$H_2SO_4$ ihren Wirkungswert bestimmt

---

[1]) Die $^1/_4$-Normal-NaOH, die zur P-Bestimmung dient, muß mit Phenolphthalein eingestellt werden.

und sie dann entsprechend verdünnt. Die ¼- bzw. $^1/_{10}$-Normal-NaOH-Lösungen werden alsdann durch Auffüllen auf das doppelte bzw. fünffache Volumen dargestellt.

### 11 a. ½-Normal-Kaliumbromat und Kaliumbromid.

13,9165 g $KBrO_3$ und 49,5835 g KBr werden in 1 Liter $H_2O$ gelöst.

### 11 b. $^1/_{10}$-Normal-Kaliumbromat und Kaliumbromid.

2,7833 g $KBrO_3$ und 9,9167 g KBr werden in 1 Liter $H_2O$ gelöst.